民用航空应用型人才培养特色教材

飞 行 原 理

（第 2 版）

邢琳琳　主编

U0245736

北京航空航天大学出版社

内 容 简 介

本书对飞行原理及空气动力学知识进行了有效的梳理,整合了航空手册及私用驾驶员、商用驾驶员及仪表等级考试的核心知识点,旨在帮助民航飞行人员及其他相关人员了解更多的航空知识,加深对飞机构造、空气动力学、飞行特点及飞行技巧等知识的系统认知,实现安全有效的飞行。

本书共7个章节,主要内容包括飞机基础知识、大气及对飞行的影响、飞机的低速空气动力特性、飞行的平衡性及稳定性、不同飞行阶段及飞行姿态、起飞及降落特点、盘旋与失速的产生及改出方法、特殊条件下的飞行等。

本书结构严谨,层次清晰,实用性强,既整合了中国民用航空局私商仪考试的相关考核内容,又融入了作者多年的教学经验与研究成果,反映了当前飞行原理教学的前沿,可为航空类院校飞行技术专业及其他相关专业学员提供有效的学习参考。

图书在版编目(CIP)数据

飞行原理 / 邢琳琳主编. -- 2 版. -- 北京 :北京
航空航天大学出版社,2022.2
ISBN 978 - 7 - 5124 - 3699 - 2

Ⅰ. ①飞… Ⅱ. ①邢… Ⅲ. ①飞行原理—教材 Ⅳ.
①V212

中国版本图书馆 CIP 数据核字(2022)第 002950 号

飞行原理(第 2 版)

邢琳琳 主编

策划编辑 蔡喆 责任编辑 董 瑞

*

北京航空航天大学出版社出版发行

北京市海淀区学院路 37 号(邮编 100191)　http://www.buaapress.com.cn
发行部电话:(010)82317024　传真:(010)82328026
读者信箱:goodtextbook@126.com　邮购电话:(010)82316936
三河市华骏印务包装有限公司印刷装订　各地书店经销

*

开本:710×1 000　1/16　印张:11.25　字数:240 千字
2022 年 8 月第 2 版　2023 年 2 月第 2 次印刷　印数:2 001~4 000 册
ISBN 978 - 7 - 5124 - 3699 - 2　定价:39.00 元

前　言

进入新世纪以来,航空业迅猛发展,其发展程度远远超越了人们的想象。同时随着科技发展,人们对航空理论及飞行原理的好奇心不断增强,飞行原理基础知识已经成为民航业的热门话题。除此之外,面对航空流量的不断增加,以及航空技术日新月异的进步,如何培养具有核心竞争力的飞行员已经成为航空高等院校教育改革的主旋律。基于此背景,积极探索适合当今社会发展需要及航空业需求的教材具有重要的现实意义,一方面可推动航空人才的培养进程,另一方面也可有效地推动教学改革的步伐,进而满足行业需求。

本书第1章介绍了飞机的结构和大气的组成,以期让读者对飞机及飞行环境有个全面的了解。第2章对飞机的低速空气动力特性进行了解读,讨论了空气低速流动时的运动规律。通过该部分的学习,读者可获得对飞行具有启发意义的理论指导。第3章对飞行的平衡性、稳定性及操纵性做了深入阐述,使读者了解飞机在本身重力作用下的运动规律,以及在飞行中操纵飞机的基本技巧等。第4章对飞机的平飞、上升、下降进行了深入、系统的分析与阐述,可使读者全面深入地了解飞机的各种性能,如速度性能、高度性能及基本操作性能。第5章对盘旋进行了详细的解读,读者可明确盘旋产生的原因及影响,并明确给出避免盘旋的基本策略,同时可了解紧急情况的处置策略。第6章重点讲解了起飞与着陆的相关知识,作为飞行事故的多发阶段,起飞与着陆对飞行安全的影响巨大。通过深入学习,读者可增强安全意识,加深对飞行安全的了解。第7章对特殊飞行进行了广泛介绍,其中包括失速、螺旋、颠簸、积冰及风切变等。通过此部分的学习,读者可加深对航空特情的了解及处置,提升操作技能。

本书编写注重科学性、系统性及实践性的统一,注重飞行原理与飞行程序、航图、情报资料及航空气象的内在联系,并依据其内在联系,力求由浅入深,有效避免了不必要的论证和推导,突出了飞行原理的程序、方法及实践的结合。同时,该书注重学生基本操作技能的培养,融合了大量的新技术、新成就，在做到图文并茂的同时，力求实现理论教学与实践教学的统一。通过整合第一版的反馈意见，本版教材增加了相关视频、动画及图片等内容，可通过扫描二维码的方式获取更多学习内容。

本书由滨州学院飞行学院邢琳琳老师主编，在图书的撰写过程中得到了学校领导与老师的大力支持，一些学生也提出了一些建设性的意见与建议。同时，本书编写过程中也得到了滨州学院一流本科建设项目与教学改革研究项目（BYJYYB201813）的资助，在此一并表示感谢！另外，在编写过程中参考了大量国内外文献资料及其他航空院校的有关材料，在此对所有原作者深表感谢！

本书可以作为高等院校飞行技术、空乘、空中交通管理、飞行签派等专业的教材，也可以作为航空企业单位等相关工作人员的培训教材使用。本书涉及科学技术的很多领域，鉴于编者的水平有限，加之时间紧迫，书中不当之处，恳请广大读者予以批评指正。

编　者
2021 年 9 月

目　录

第1章　飞机和大气

飞机是在大气层中飞行的,靠自身与空气相对运动产生的空气动力升空飞行,要认识飞机在大气中运动的规律,就有必要先学习一些有关飞机和大气的基本知识。本章简要介绍飞机的主要组成部分及其功用、大气特性等。

1.1　飞机的主要组成

自从世界上出现飞机以来,飞机的形状在不断改进,其数量和种类不断增多,用途也不尽相同,但到目前为止,除了极少数特殊形式的飞机之外,大多数飞机都有相同的主要组成部分,包括机身、机翼、尾翼、起落架和发动机,如图 1.1 所示。

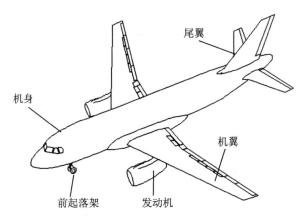

图 1.1　飞机的主要组成部分

1. 机　身

机身是飞机的主体部分,现代民航客机的机身绝大部分是筒状的。机身主要包含驾驶舱、客舱或货舱。机身的主要功用是装载机组人员、旅客、货物和其他各种设备,还可将飞机的其他部件(如尾翼、机翼及发动机等)连接成一个整体。驾驶舱装在机身最前方,里面装有各种仪表和操纵装置对飞机进行控制。驾驶舱后面是客舱或货舱。客舱中乘坐旅客,设置时要考虑的问题较多,如旅客的舒适和安全,因此除有座椅外,还要有通风保暖设备和安全救生设备。货舱的设置要简单得多,主要考虑装货的通畅和方便。在气动方面,机身的迎风面积应减小到最小,表面应光滑,形状应流线化且没有凸角和缝隙,以尽可能地减小阻力。在飞行和着陆过程中,机身不仅要承受作用于其表面的局部空气动力,还要承受由机翼、尾翼、起落架等部件传来的集中载荷,所以机身结构必须具有足够的强度和刚度。机身外形如图 1.2 所示。

图 1.2　机身外形

2．机　翼

机翼是飞机的重要部件之一,其主要功用是产生升力,在飞行中也起到一定的稳定和操纵作用。在机翼上装有一些操纵面,在其后缘有副翼和后缘襟翼;在其前缘有前缘襟翼、缝翼;在其上表面有扰流板。操纵副翼可使飞机绕着纵轴滚转,放下襟翼可使升力增大,并降低起飞离地速度和着陆接地速度,从而缩短起飞和着陆滑跑距离,提高飞机的起降性能。移动缝翼同样可以提高升力,襟翼和缝翼的作用大致相同,统称为增升装置。扰流板是铰接在翼面上的可活动的板,只能向上打开,飞机降落时可增加阻力,降低滑跑速度。同时机翼上还可安装发动机、起落架和油箱。机翼结构如图 1.3 所示。

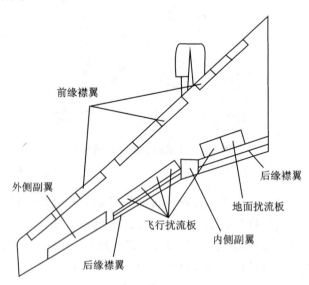

图 1.3　机翼结构

不同用途的飞机,其机翼形状、数量也各有不同。根据在机身上安装的部位和形式,机翼可分为上单翼、中单翼和下单翼 3 种形式。从机翼与机身的干扰阻力来看,中单翼最小,上单翼次之,下单翼最大;从机身内部容积的利用来看,上单翼最优越(见图 1.4(a))。目前民航运输机大部分为下单翼飞机,如图 1.4(b)所示。按机翼的数量不同可分为单翼机、双翼机、多翼机等,但现代飞机一般都是单翼机。机翼的平面形状多种多样,常用的有矩形翼、后掠翼、梯形翼、三角翼等,小型低速飞机常采用矩形翼或梯形翼。

(a) 上单翼飞机　　　　　　　　　　　　(b) 下单翼飞机

图 1.4　上单翼和下单翼飞机

3. 尾　翼

尾翼在机身的尾部,它的主要作用是操纵飞机的俯仰和偏转,是保持飞机稳定性的重要组成部分。尾翼包括水平尾翼和垂直尾翼。水平尾翼由固定的水平安定面和可动的升降舵组成,水平安定面的作用是保持飞机飞行纵向稳定,升降舵主要用于控制飞机的俯仰运动。某些高速飞机为了提高俯仰操纵效率,采用的是全动平尾,即水平尾翼是整体活动面。垂直尾翼由固定的垂直安定面和可动的方向舵组成。垂直安定面的作用是保持飞机的侧向稳定,方向舵用于使飞机向左或向右偏转。垂直尾翼有单垂尾、双垂尾、多垂尾等多种形式,但现在的旅客机都采用单垂尾,即一个垂尾直立于机身中线上方的尾翼,这种形式结构简单,质量小。多数飞机在升降舵后缘铰接有一块可动翼片,称为配平调整片,用来减小飞行中飞行员进行俯仰操纵时的操纵力。尾翼结构如图 1.5 所示。

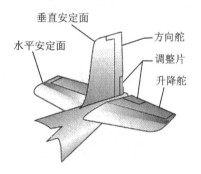

图 1.5　尾翼结构

4. 起落架

飞机起落架用于起飞、着陆滑跑、地面滑行和停放时支撑飞机。着陆时还通过起落架吸收撞击能量,改善着陆性能。现代飞机的起落架一般包括起落架舱、减震装置、收放装置等几个部分,如图 1.6 所示。早期的飞机起落架比较简单,是固定的,不能收起,飞行阻力大。现代航线飞机为了减小阻力,都采用可收放式起落架,即起落架在起飞后可收起。在陆地上起飞着陆时通常使用带机轮的起落架;在雪地和冰面上起降的飞机,起落架的机轮用滑橇取代;在水面上起降的水上飞机,起落架则用浮筒代替或直接采用水面滑行。

起落架的配置分为前三点式和后三点式。飞机重心位于两主轮起落架之后的称为后三点式起落架,这种起落架转弯不够灵活,刹车过猛时飞机有"拿大顶"的危险,现代飞机已很少采用。飞机重心位于两主轮起落架之前的称为前三点式起落架。这种起落架的运动稳定性好,着陆容易操纵,前轮一般装有转弯机构,通过驾驶员的操纵可实现灵活转弯,因此得到广泛应用。

5. 发动机

发动机是飞机的心脏。它主要用来产生拉力或推力,用以克服飞机的惯性和空气阻力,使飞机前进;还可以为飞机上的用电设备提供电源,为空调设备等用气设备提供气源。现代飞机的发动机主要包括涡轮式发动机和活塞式发动机两种。低速、小型、短程飞机常用活塞式发动机,这种发动机将燃油的化学能转换为机械能,然后带动螺旋桨加速外界空气产生推力或拉力(如活塞式航空发动机和涡轮螺旋桨发动机);高速、大(中)型、远(中)程飞机常用喷气式发动机,这种发动机直接向后排出燃气获得反作用推力(如喷气发动机)。飞机发动机的安装图如图 1.7 所示。

图 1.6　飞机起落架

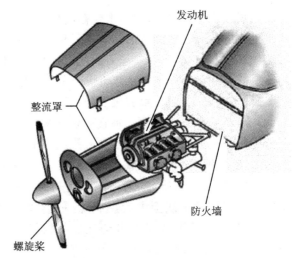

图 1.7　发动机安装图

1.2　大气飞行环境

飞机在大气层内飞行时所处的环境条件,称为大气飞行环境。大气环境对飞机的空气动力性能、发动机的工作状态、人员都有非常重要的影响。只有了解和掌握大气的特性和变化规律,并设法克服或减少飞行环境对飞行器的影响,才能保证飞机安全可靠地飞行。

1.2.1 大气的组成

包围在地球周围的一层气体称为大气。大气是混合气体,由干空气、水分及悬浮其中的粉尘颗粒物组成。干空气的组成(体积分数)包括 78% 的氮气、21% 的氧气以及 1% 的其他气体,如二氧化碳、氩气、氦气、氖气、臭氧等。

水汽是低层大气的重要成分,含量不多,只占大气总容积的 0~4%,是大气中含量变化最大的气体。大气中的水汽主要来自地表海洋和江河湖等水体表面蒸发和植物体的蒸腾,并通过大气垂直运动输送到大气高层。水分子是云、雨水、雾等形成的必要条件,参与全球的水循环。粉尘颗粒物主要是悬浮在大气中的固态、液态的微粒,主要来源于有机物燃烧的烟粒、风吹扬起的尘土、火山灰尘、宇宙尘埃、海水浪花飞溅起的盐粒、植物花粉、细菌微生物以及工业排放物等,大多集中在大气底层。大气杂质对太阳辐射和地面辐射具有一定的吸收和散射作用,影响着大气温度的变化。杂质大部分是吸湿性的,往往成为水汽凝结的核心。

1.2.2 大气的特性

1. 空气密度

空气密度是指单位体积内的空气质量。质量为 m 的空气,如果其体积为 V,则密度 ρ 为

$$\rho = \frac{m}{V} \tag{1-1}$$

国际单位为千克每立方米(kg/m^3)。空气和其他物质一样,是由分子组成的,空气的密度大,说明单位体积的空气分子多,比较稠密;反之,空气密度小,空气比较稀薄。大气层的空气密度随高度的增加而减小,越高,空气越稀薄。在 10 km 高度上,空气密度只相当于海平面空气密度的 1/3,如图 1.8 所示。空气密度随高度的这种变化,不仅对作用在飞机上的空气动力大小有影响,还对飞机喷气发动机产生的推力大小有很大影响。随着空气密度的减小,发动机功率会相应减小并产生其他方面的变化。

2. 空气温度

空气温度是指空气的冷热程度。空气温度的高低,实质上表明了空气分子做不规则热运动的平均速度的大小。当空气获得热量时,分子运动的平均速度增大,平均动能增加,气温升高;反之,当空气失去热量时,分子运动的平均速度减小,则平均动能减小,气温降低。气温主要有 3 种标定方法:摄氏温度、华氏温度和绝对温度。大多数国家用摄氏温度来表示,单位是摄氏度(℃),一个标准大气压下纯水的冰点为 0 ℃,沸水温度为 100 ℃,其间分 100 等份,每一份为 1 ℃。少数国家和地区(如美国)使用华氏温度(℉),即一个标准大气压下,水的冰点温度为 32 ℉,沸点温度为 212 ℉,其间分成 180 等份,每一份为 1 ℉。两种单位的换算公式如下:

$$t_C = (t_F - 32) \times \frac{5}{9} \tag{1-2}$$

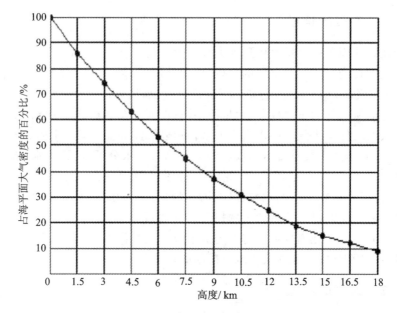

图 1.8　大气密度随高度的变化

式中，t_C 为摄氏温度（℃）；t_F 为华氏温度（℉）。

理论计算中常用热力学温度来表示。假设气体分子停止不规则热运动时的温度为 0 ℃，将一个标准大气压下的纯水冰点和沸点之间等分 100 格，单位是开［尔文］（K）。热力学温度和摄氏温度之间的换算公式为

$$T_K = t_C + 273.15 \qquad (1-3)$$

式中，T_K 是热力学温度（K）。

在大约 11 km 高度以下的大气层内，随着高度的增加，大气温度下降，并近似按线性变化。

3. 空气压力

空气压力是指空气的压强，即物体单位面积上所承受的空气的垂直作用力。大气压力也就是物体在单位面积上所承受的大气柱的重量。在海平面，人体承受的气压为 101 325 Pa，由于身体内外压力平衡，所以没有被压垮。地球大气密度有由地面向高空递减的特性，也就意味着单位体积的大气重量也随高度的增加而递减，气压亦有相同的变化，即随着高度的增加，气压不断降低。大气压力随着高度的增加，近似成线性下降，飞机一直使用这个规律来确定飞行的高度，如图 1.9 所示。在飞机上的空气动力，特别是升力，大都来自于飞机外表面上的空气压力，压力变化会对飞机的空气动力性能产生一定的影响。飞行高度太高，空气密度很小，发动机的效率就会很低（发动机燃烧需要空气），且此时空气压力很小，对飞机结构、机载设备及机上人员都会产生很大的威胁。

在国际单位制中，压强的度量单位是帕［斯卡］（Pa）。除此之外，气体的压强还

有其他一些常用计量单位,如毫米汞柱(mmHg)、毫巴(mbar)、百帕(hPa)或磅力每平方英寸(lbf/in^2)。它们之间的换算关系如下:

1 bar＝10^5 Pa

1 atm＝101 325 Pa＝760 mmHg＝14.6959 lbf/in^2

1 mbar＝100 Pa＝1hPa

4. 大气的黏性

大气的黏性是空气在流动过程中表现出的一种物理性质,大气的黏性力是相邻大气之间相互运动时产生的牵扯作用力,也叫作大气的内摩擦力。造成空气具有黏性的主要原因是空气分子的不规则运动。为了说明这个问题,设想把流动着的大气划分为若干层(见图1.10),从图中可以看出,当相邻空气层之间的流动速度不同时,下层流动速度大的大气分子由于不规则运动而侵入上层,就会促使上层大气加速;同样上层流得慢的气体分子进入下层时,会使下层大气减速,这样相邻的两层大气之间就产生了相互牵扯的内摩擦力,即黏性力。

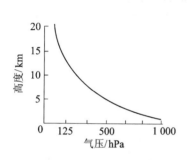

图1.9 大气压力随高度的变化

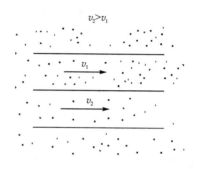

图1.10 流速不同的相邻大气层

实验研究表明,空气的黏性取决于以下几个方面:

(1)速度梯度

速度梯度越大,相邻两层空气做不规则运动所引起的动量变化越大,两层之间空气的牵扯力越大,黏性力就越大。

(2)空气温度

空气温度越高,空气分子不规则运动速度越大,空气层之间交换的分子数越多,黏性越大。

(3)气体性质

气体性质不同,黏性力就不同。空气的黏性比氧气的黏性大,因为空气的平均运动速度比氧气分子的平均运动速度大。

(4)接触面积

空气层之间接触面积越大,相互交换的空气分子就越多,黏性就越大。

一般情况下,空气对物体的黏性作用力可以不予考虑。通常把不考虑黏性的流体称为理想流体或无黏流体。但对于像飞机那样在空气中快速运动的物体,由于空气在飞机外表面上的摩擦阻力已不是一个小数值量,因此必须加以考虑。

5. 空气的可压缩性

空气的压缩性就是指一定量的空气,当其压力或温度改变时,其密度或体积也要发生相应变化的物理性质。不同状态的物质压缩性也不同。液体对这种变化的反应很小,因此一般认为液体是不可压缩的;而气体对这种变化的反应很大,所以一般来讲气体是可压缩的物质。

当空气流过飞机表面时,在飞机的一些部位上气流速度会增加,气流的压力会减小,密度也会随之降低;还有一些部位上气流速度会减小,气流的压力会增加,密度也会随之上升,这就是空气具有压缩性的体现。但是,当空气的流动速度不大时,即所谓低速时,空气的压力变化一般不大,空气密度的变化很小,空气的压缩性对飞机的飞行影响很小。所以,在研究低速气流流动的规律时,就可以略去气流密度的变化而不考虑空气的压缩性,认为密度是一个不变的数值,把气流当成不可压缩的气流,这样更便于研究低速气流问题。但是,当气流速度较高时,由于速度变化所引起的压力变化较大,由此产生的气流密度的改变就不可不计了,这时就必须考虑空气的压缩性。

1.2.3 大气的分层

大气层位于地球的最外层,无明显的上限。整个大气的特性随高度变化出现很大的差异,根据大气层垂直方向上温度和垂直运动的特征,一般把大气层划分为对流层、平流层、中间层、电离层和散逸层 5 个层次。飞机飞行的大气环境是对流层和平流层。大气层分布如图 1.11 所示。

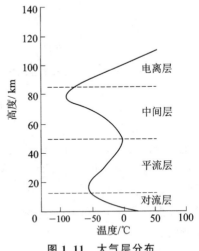

图 1.11 大气层分布

1. 对流层

对流层在大气层的最底层,其下界与地面相接,上界高度随地理纬度和季节的变化而变化。在低纬度地区平均高度为 17～18 km,在中纬度地区平均为 10～12 km,南北极地平均为 8～9 km,并且夏季高于冬季。这一层的气温主要靠地面辐射太阳的热能而加热,因此气温随高度的增加而降低,大约每升高 1 000 m,温度下降 6.5 ℃;由于地球引力作用,对流层集中了全部大气质量的 3/4。地球上的水受太阳照射而蒸发,使大气中聚集大量的各种形态的水蒸气。水蒸气几乎都在这一层内存在,故各种天气现象如云、雨、雾、雪、霾都出现在这一层中。对流层最显著的特点是有强烈的对流运动,是天气变化最复杂的层次,也是对飞行影响最重要的层次。恶劣的天气条件会危及飞行安全。

2. 平流层

平流层位于对流层之上,顶界伸展到 50~55 km。在平流层内,随着高度的增加,气温最初基本保持不变(约 −56.5 ℃),这是因为受地面温度影响较小,到约 20 km 以上气温升高较快,到了平流层顶气温升至 0~20 ℃,因为该层存在大量臭氧能直接吸收太阳辐射的热。平流层空气稀薄,所包含的大气质量占整个大气质量的 1/4 左右。在平流层中,空气没有垂直方向运动,只有水平方向的风,气流平稳,空气阻力小,这里基本上没有水汽,晴朗无云,很少发生天气变化,是飞机比较理想的飞行空间。目前大型客机大多飞行于此层。

3. 中间层

中间层位于平流层之上,距地球表面 50~85 km。这一层空气更为稀薄,质量仅占整个大气质量的 1/3 000。该层的突出特征是气温随高度增加而迅速降低,在这一层的顶部气温可低至 160~190 K,几乎是整个大气层中的最低温度。这种温度垂直分布有利于垂直运动发展,因而空气的垂直对流强烈。

4. 电离层

中间层之上是电离层,顶端距离地平面大约 800 km。这里的大气已极稀薄,这一层的温度因为大气大量吸收太阳紫外辐射线而升高。层内温度很高,故也称暖层。该层的另一个重要特征是空气处于部分电离或完全电离的状态,存在相当多的自由电子和离子,能反射无线电短波,从而使地面上可以实现短波无线电通信。许多有趣的天文现象,如极光、流星等都发生在电离层中。电离层的变化会影响飞行器的无线电通信。

5. 散逸层

散逸层在电离层之上,是地球大气的最外层,由带电粒子所组成。在这里空气极其稀薄,这层内的大气质量只是整个大气质量的 10^{-11},同时又远离地面,受地球的引力作用较小,因而大气分子不断地向星际空间逃逸。大气外层的顶界为 2 000~3 000 km。

1.2.4　国际标准大气

飞机的飞行性能与大气状态(温度、气压、密度等)密切相关,而大气状态随着纬度、季节、时间、高度的不同而变化着,随着大气状态的变化,飞机的空气动力和飞行性能也要变化。因此,同一架飞机在不同地点做飞行试验,所得出的飞行性能就会不同,就是同一架飞机在同一地点、同一高度试飞,如果季节和时间不同,所得出的飞行性能也会不同。为了在进行航空器设计、试验和分析时所用的大气物理参数不因地而异,必须建立一个统一的标准。为此,国际民航组织制定了国际标准大气。

国际标准大气 ISA,就是人为规定大气温度、密度、压力等随高度变化的关系,得出统一的数据,作为计算和试验飞行器的统一标准,以便对飞机、发动机和其他飞行器的试飞结果和计算结果加以比较。国际标准大气由国际民航组织依据北半球中纬度地区(北纬 35°~60°)大气状态的平均值加以适当修订而制定。

1. 国际标准大气的主要规定

① 大气被看成完全气体,即服从气体状态方程。

② 设海平面的高度为 0,在海平面上空气的标准状态是:

气压:101 325 Pa(1 013.2 mbar);

气温:15 ℃(59 ℉、288 K);

密度:1.225 kg/m³;

声速:341 m/s(661 kn)。

③ 对流层高度为 11 km (36 089 ft),在对流层内,高度每升高 1 km 温度降低 6.5 ℃,或每增加 1 000 ft 温度降低 2 ℃。11~20 km 之间的平流层底部气体温度为常值——−56.5 ℃。

④ 气压、空气密度、气温和声速随高度变化。

根据上述规定,并通过理论计算,即可以确定各高度处的大气参数,即国际标准大气表,如表 1.1 所列。

表 1.1　国际标准大气表

高度/ft	温度/℃	压力		压力比	密度	声速/kn	高度/m
		/hPa	/(lbf·in⁻²)	$\delta=P/P_0$	$\sigma=\rho/\rho_0$		
40 000	−56.5	188	2.72	0.185 1	0.246 2	573	12 192
39 000	−56.5	197	2.58	0.194 2	0.258 3	573	11 887
38 000	−56.5	206	2.99	0.203 8	0.271 0	573	11 582
37 000	−56.5	217	3.14	0.213 8	0.284 4	573	11 278
36 000	−56.3	227	3.30	0.224 3	0.298 1	573	10 973
35 000	−54.3	238	3.46	0.235 3	0.309 9	576	10 668
34 000	−52.4	250	3.63	0.246 7	0.322 0	579	10 363
33 000	−50.4	262	3.80	0.258 6	0.334 5	581	10 058
32 000	−48.4	274	3.98	0.270 9	0.347 3	584	9 754
31 000	−46.4	287	4.17	0.283 7	0.360 5	586	9 449
30 000	−44.4	301	4.36	0.297 0	0.374 1	589	9 144
29 000	−42.5	315	4.57	0.310 7	0.388 1	591	8 839
28 000	−40.5	329	4.78	0.325 0	0.402 5	594	8 534
27 000	−38.5	344	4.99	0.339 8	0.417 3	597	8 230
26 000	−36.5	360	5.22	0.355 2	0.432 5	599	7 925

高度/ft	温度/℃	压力		压力比 $\delta = P/P_0$	密度 $\sigma = \rho/\rho_0$	声速/kn	高度/m
		/hPa	/(lbf·in^{-2})				
25 000	−34.5	376	5.45	0.371 1	0.448 1	602	7 620
24 000	−32.5	393	5.70	0.387 6	0.464 2	604	7 315
23 000	−30.6	410	5.95	0.404 6	0.480 6	607	7 010
22 000	−28.6	428	6.21	0.422 3	0.497 6	609	6 706
21 000	−26.6	446	6.47	0.440 6	0.515 0	611	6 401
20 000	−24.6	466	6.75	0.459 5	0.532 8	614	6 096
19 000	−22.6	485	7.04	0.479 1	0.551 1	616	5 791
18 000	−20.7	506	7.34	0.499 4	0.569 9	619	5 406
17 000	−18.7	527	7.65	0.520 3	0.589 2	621	5 182
16 000	−16.7	549	7.97	0.542 0	0.609 0	624	4 877
15 000	−14.7	572	8.29	0.564 3	0.629 2	626	4 572
14 000	−12.7	595	8.63	0.587 5	0.650 0	628	4 267
13 000	−10.8	619	8.99	0.611 3	0.671 3	631	3 962
12 000	−8.8	644	9.35	0.636 0	0.693 2	633	3 658
11 000	−6.8	670	9.72	0.661 4	0.715 6	636	3 353
10 000	−4.8	697	10.10	0.687 7	0.738 5	638	3 048
9 000	−2.8	724	10.51	0.714 8	0.762 0	640	2 743
8 000	−0.8	753	10.92	0.742 8	0.786 0	643	2 438
7 000	+1.1	782	11.34	0.771 6	0.810 6	645	2 134
6 000	+3.1	812	11.78	0.801 4	0.835 9	647	1 829
5 000	+5.1	843	12.23	0.832 0	0.861 7	650	1 524
4 000	+7.1	875	12.69	0.863 7	0.888 1	652	1 219
3 000	+9.1	908	13.17	0.896 2	0.915 1	654	914
2 000	+11.0	942	13.67	0.929 8	0.942 8	656	610
1 000	+13.0	977	14.17	0.964 4	0.971 1	659	305
0	+15.0	1013	14.70	1.000 0	1.000 0	661	0
−1 000	+17.0	1050	15.23	1.036 6	1.029 5	664	−305

2. ISA 偏差

　　飞机飞行手册中列出的性能数据常常是根据国际标准大气 ISA 制定的,而实际大气很少有和国际标准大气吻合的,因此在使用飞行性能图时,常常要进行实际大气和国际标准大气的相互换算。

　　实际大气和国际标准大气相互换算的主要目的是确定实际大气与国际标准大气

的温度偏差,即 ISA 偏差。ISA 偏差是指某处实际温度与该处 ISA 标准温度的差值,常用于飞行活动中确定飞机性能的基本已知条件。

例:已知某机场场温 30 ℃,机场压力高度 1 000 m。求:机场高度处 ISA 偏差。

解:在压力高度为 1 000 m 的机场,ISA 标准温度应为

$$t_{标准} = 15 ℃ - (6.5 ℃/1 000 m) \times 1 000 m = 8.5 ℃$$

而实际温度 $t_{实际} = 30$ ℃,所以,ISA 偏差(温度差)$= t_{实际} - t_{标准} = 30 ℃ - 8.5 ℃ = 21.5$ ℃。表示为 ISA+21.5 ℃。

思考题

1-1 什么是国际标准大气?

1-2 大气的状态参数有哪些?

1-3 什么是大气的黏性?

1-4 飞机主要组成部分及其功用是什么?

1-5 实际大气与国际标准大气如何换算?

第 2 章　飞机的低速空气动力基础

重于空气的飞机,是靠飞机与空气做相对运动时所产生的空气动力而升空飞行的。飞机的升力和阻力都是空气动力。因此,本章主要讨论空气低速流动时的运动规律,以及空气与飞机相互作用的基本规律,即飞机上空气动力产生的原理及变化规律,从而可以更好地指导飞行实践。

2.1　空气流动的基本规律

当空气流过飞机时,其速度、压力和密度等的变化规律与作用在飞机上的空气动力有密切的关系,在研究飞机升力和阻力的产生及变化之前,必须先研究空气流动的特性,即空气流动的基本规律。

2.1.1　相对运动原理

空气动力是空气相对于飞机运动时产生的,没有飞行速度,在飞机上就不会产生空气动力。因此要了解飞机的飞行原理,首先应了解飞机与空气之间的相对运动规律。

只要空气和物体有相对运动,就会对物体产生空气动力。例如,大风吹过房屋时可以把屋顶掀翻;大风还可以将大树连根拔起,这些都是空气流过物体时对物体产生了力的结果。飞机上产生的空气动力就是空气和飞机之间有了相对运动的结果。事实证明,只要空气与物体之间的相对速度相同,所产生的空气动力也就相同,这个就叫作相对运动原理。飞机飞行时也是一样,例如飞机以速度 v 在静止的大气中飞行,或者空气以相同的速度 v 流过静止的飞机,在飞机上产生的空气动力完全相同,如图 2.1 所示。

在日常生活中,有风的时候,会感到有空气流过身体,特别凉爽;无风的时候,骑在自行车上也会有同样的体会,这就是相对气流的作用结果。空气相对于物体的流动就是相对气流。相对气流的方向与物体运动方向相反。飞机的相对气流就是空气相对于飞机的运动,飞机的相对气流方向就是飞机速度的反方向。影响空气动力的重要因素是飞机同空气之间的相对速度,只要相对气流速度相同,飞机产生的空气动力就相同。

在研究飞机上的空气动力及气流的变化规律时,为了使研究问题的方法更为直观和简单,可以采取让飞机静止不动,而使空气以相同的速度流过飞机表面。此时,飞机上产生的空气动力效果与飞机以同样的速度在空气中飞行所产生的空气动力效果完全一样。风洞试验就是建立在相对运动原理上的。在风洞试验时,为了模拟飞

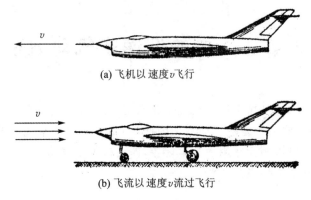

(a) 飞机以速度 v 飞行

(b) 飞流以速度 v 流过飞行

图 2.1　相对运动原理

机在天空中的飞行情况,可以让模型固定不动,让气流吹过模型,这样就大大简化了试验技术。

2.1.2　流场、流线、流管

流体流动所占据的空间称为流场。大气层就是一个很大的流场。流场用来描述表示流体运动特征的物理量,如速度、密度、压力等。流场中任一点处流体微团的物理量不随时间而变化的情形称为定常流动;流场中任一点处流体微团的物理量随时间而变化的情形称为非定常流动。

空气的流动一般是看不见的,为了更形象和直观地描述空气的流动情况,可以在空气流动的流场中,在某一瞬时绘制出许多称为流线的空间曲线,在每一条曲线的各个点上,它的切线方向就是该点处空气微团的流动速度方向,如图 2.2 所示。可见,在定常流动中,流线的形状不会随时间变化,流线就是空气微团流动的路线。流线不能相交,也不能折转,只能是一条光滑曲线。因为流线上每一点只能有一个运动方向,如果两条流线相交,则交点处空气微团将有两个方向。

由许多流线所组成的流动图形称之为流线谱,如图 2.3 所示。流线谱真实地反映了空气流动的全貌,不仅可以看出流场中各点的运动方向,还可以比较出各点空气流动速度的快慢。流线谱的疏密程度反映了该时刻流场中速度的不同。空气流过物体的情况不同,流线谱就不同,产生的空气动力也就不同。一般分析飞机空气动力的产生和变化,就是从分析空气流过飞机的流线谱着手的。

翼型与流线演示

在流场中取一条不为流线的封闭曲线,经过曲线上每一点作流线,由这些流线集合构成的管状曲面称为流管,如图 2.4 所示。因为流管表面是由流线围成的,因此流体不能穿出或穿入流管表面,只有流管截面上有流体流过。在任意瞬间,流管就像真实的固体管子一样。两条流线间的距离缩小,就称流管收缩或变细了;两条流线间的距离扩大,就称流管扩张或变粗了。

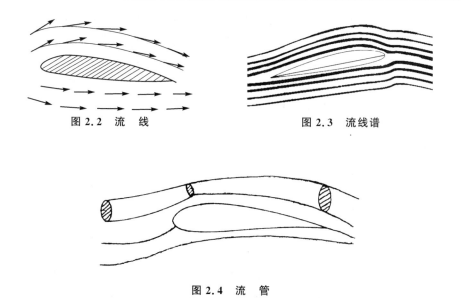

图 2.2　流　线　　　　　　　　　图 2.3　流线谱

图 2.4　流　管

现在来计算流过给定流管任一横截面积上的流体质量。若流管横截面积为 A，流体密度为 ρ，在横截面积上的流速为 v，那么单位时间内流过 A 的流体体积为 Av，称为流体的体积流量；单位时间内流过 A 的流体质量，称为流体的质量流量，用符号 q 表示，则有

$$q = \rho A v \tag{2-1}$$

图 2.5 所示为空气流过几个典型物体时的流线谱。比较几种流线谱，可以得出：

① 物体的形状不同，空气流过物体的流线谱就不同。

② 即使物体的形状相同，只要空气流向物体的相对位置关系不同，流线谱也就不同。

③ 当空气流向物体受到阻挡时，流管就要扩张变粗；当空气流过物体外凸地方时，流管就要收缩变细。

④ 空气流过物体时，在物体的后部都要形成一定的涡流区。

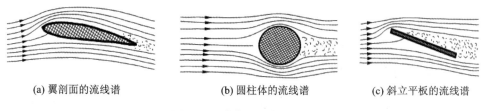

(a) 翼剖面的流线谱　　　　　(b) 圆柱体的流线谱　　　　　(c) 斜立平板的流线谱

图 2.5　几种典型物体的流线谱

2.1.3　连续性定理

质量守恒定律是自然界的基本定律之一。空气在流动时，也要遵守质量守恒定

律,这条定律在空气动力学中称为连续性定理。当流体连续不断地、稳定地流过一个粗细不等的流管时,由于流管中任一部分的流体都不能中断或堆积起来,因此根据质量守恒定律,在同一时间,流过流管任意截面的流体质量应该相等,这就是流体的连续性定理。流体的连续性原理的实质是质量守恒定律在空气流动过程中的应用。

如图 2.6 所示,空气流过一粗细不等的流管,假设流过截面 1 的速度为 v_1,空气密度为 ρ_1,截面为 A_1;空气流过截面 2 的速度为 v_2,空气密度为 ρ_2,截面为 A_2。根据连续性定理,单位时间内流过任意截面的空气质量相等,即

$$\rho_1 A_1 v_1 = \rho_2 A_2 v_2 \tag{2-2}$$

式(2-2)为连续性定理的数学表达式,称为可压缩流体沿管道流动的连续性方程。当空气低速流动(马赫数小于 0.4)时,可不考虑空气的压缩性,密度 ρ 可近似认为是一个常数,则式(2-2)中的密度可消去,得

$$A_1 v_1 = A_2 v_2 \tag{2-3}$$

式(2-3)称为不可压缩流体沿管道流动的连续性方程。它表明:对于不可压缩流体,当流体流过管道时,在截面面积大的地方流速低,在截面面积小的地方流速高。也就是说,在同一流管的任一截面上,流速和流管的横截面积成反比。这就是空气低速流动时流速与流管截面面积之间的关系。

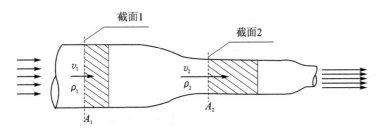

图 2.6 气流在变截面管道中的流动

在河岸观察河水流动时,会看到河水在浅而窄的地方流得快,在宽而深的地方流得慢;在山区还可看到山谷里的风经常要比开阔地方的风大。这些现象说明了流体的流速快慢与过道的宽窄有关,它们都是连续性定理在自然界中的表现。应当指出,连续性方程的推导对流体的性质未加以限制,因此它既可用于理想流动,也可用于黏性流动。

2.1.4 伯努利定理

流体在流动中,不仅流速和管道切面之间互相联系着,而且流速和压力之间也是互相联系的。伯努利定理就是阐述流体在流动中流速和压力之间的关系的,是流体流动的另一个很重要的基本规律。伯努利定理是能量守恒定律在流体流动中的应用,其数学表达式称为伯努利方程。

根据能量守恒定律可知,能量不会消失,也不会无中生有,只能从一种形式转换

为另一种形式,但能量的总和保持不变。空气稳定流动时,主要有 4 种能量:动能、热能、压力能和重力势能。对于不可压缩、理想的流体来说,流动中不会产生热量,可不考虑热能的变化;流管高度变化很小,可认为流体的重力势能不变。这样,在流动的空气中,参与转换的能量有两种:动能和压力能。因此,在流体流动中只有压力能和动能之间的转换。

如图 2.6 所示,假设流过截面 1 的动能为 $E_{动1}$,压力能为 $E_{压1}$;流出截面 2 的动能为 $E_{动2}$,压力能为 $E_{压2}$。动能是由于流体有速度而具备的做功能力,压力能是由于流体有压力而具备的做功能力。流过任意截面的动能和压力能为

$$E_{动} = \frac{1}{2}mv^2$$

式中,$m = \rho v A \Delta t$。因此有

$$E_{动} = \frac{1}{2}\rho v A \Delta t \cdot v^2$$

$$E_{压} = P A v \Delta t$$

若取单位体积的空气,则

$$E_{动} = \frac{1}{2}\rho v^2$$

$$E_{压} = P$$

由能量守恒定律可得

$$E_{动1} + E_{压1} = E_{动2} + E_{压2}$$

即

$$\frac{1}{2}\rho_1 v_1^2 + P_1 = \frac{1}{2}\rho_2 v_2^2 + P_2$$

或

$$\frac{1}{2}\rho v^2 + P = P_0 \tag{2-4}$$

式 (2-4) 中,$\frac{1}{2}\rho v^2$ 为动压,即流体流动时在流动方向上所产生的压强,是单位体积空气所具有的动能。P 为静压,即流体流动时其本身实际具有的压强,是单位体积空气所具有的压力能。在静止的空气中,静压等于当地的大气压。P_0 为总压(全压),是动压和静压之和。总压可以理解为气流速度减小到零点时的静压。

式 (2-4) 是伯努利定理的数学表达式,即伯努利方程。

由式 (2-4) 可以得出,稳定气流中,在同一流管的各切面上流体动压和静压之和始终保持不变,这个不变的数值就是全压。动压大,则静压小;动压小,则静压大。这就是伯努利定理。它是研究气流特性和飞机上的空气动力产生和变化的基本定理之一。

严格说来,伯努利定理在下述条件下才是适用的:

① 气流是连续、稳定的;

② 流动中的空气与外界没有能量交换；

③ 空气没有黏性，即不考虑气流中的摩擦；

④ 空气是不可压缩的，即密度是不变的。

连续性定理和伯努利定理是空气动力学中两个最基本的定理，它们说明了流管截面积、气流速度和压力这三者之间的关系。综合这两个定理，可以得出以下结论：流体在变截面管道中流动时，凡是截面积小的地方，流速就大，压强就小；凡是截面积大的地方，流速就小，压强就大。

2.1.5 空速管的测速原理

空速管是用来测量飞机飞行速度的装置，其测速原理就是伯努利定理。下面利用伯努利方程来说明空速管测量低速气流速度的原理。

空速管的管轴与来流方向一致。空速管上有两种孔，其中前端正对来流方向的小孔叫总压孔，空气流到这一点上受阻而完全滞止，流速变为 0，所以在这一小孔上受到的就是总压 P_0。在管子侧壁上的一排孔叫静压孔，它受到的就是大气静压 P。将总压孔和静压孔分别与压力传感器相连，便可测出总压和静压，从而计算出速度。由伯努利方程可得

$$P_0 = P + \frac{1}{2}\rho v^2$$

$$v = \sqrt{\frac{2(P_0 - P)}{\rho}} \qquad (2-5)$$

总压孔和静压孔分别通过导管与空速表的开口膜盒的内腔和外部相通，这样膜盒内外的压差就是动压。膜盒在此压强的作用下膨胀，带动空速表粗针转动，指示飞机表速，如图 2.7 所示。

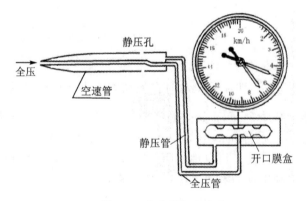

图 2.7 空速管和空速表

2.2　升　力

飞机之所以能在空中飞行,最基本的原理是,有一股力量克服了飞机的重力把它托举在空中,这股力量称为升力。飞机向前飞行还必须有动力装置产生拉力或推力以克服阻力使之向前运动,无论升力还是阻力,都是飞机飞行时作用在飞机上的力。空气作用在与之有相对运动的物体上的力称为空气动力。

2.2.1　机翼形状

当飞机在空中飞行时,作用在飞机上的空气动力主要由机翼产生,而空气动力的大小和方向会受机翼形状的影响。机翼的形状主要是指机翼的剖面形状、平面形状和机翼相对于机身的安装位置。

1. 机翼的剖面形状(翼型)

机翼的剖面形状简称为翼型,是用平行于对称平面的切平面切割机翼所得的剖面,如图 2.8 所示。最早的飞机,翼型是平板剖面,这种机翼升力很小。后来出现了弯板剖面,对升力特性有所改进。再后来随着飞机的发展又出现了平凸形、双凸形、对称形、层流形、菱形、圆弧形等翼型,如图 2.9 所示。

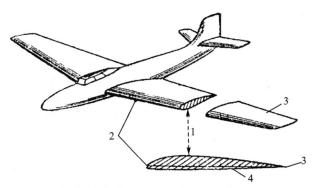

1—翼剖面；2—前缘；3—后缘；4—翼弦

图 2.8　机翼翼型

平凸形和双凸形翼型的空气动力特性不错,制造和加工也比较方便,是现代低速飞机广泛采用的翼型。对称形翼型,前缘比较尖,最大厚度位置靠后,阻力小,这种翼型常用于各种飞机的尾翼和某些高速飞机的机翼。层流形翼型,前缘较尖,最大厚度一般在 $50\%\sim60\%$ 弦长位置,可推迟附面层转捩,减小摩擦阻力,这种翼型常用于速度较高的飞机。圆弧形和菱形翼型常用在超声速飞机上,其特点是前端很尖,相对厚度很小,也就是很薄;超声速飞行时阻力很小,但低速飞行时空气动力特性不好,使飞机的起落性能变差。

用来表明翼型形状特点的数据统称为翼型参数,主要有弦长、相对厚度、相对弯度等,如图 2.10 所示。

① **弦线、弦长** 翼型最前端的点叫前缘,最后端的点叫后缘,前缘和后缘之间的连线叫弦线,也叫翼弦。弦线的长度叫弦长,用 b 表示,是一个基准长度。

② **厚度、相对厚度** 上下翼面在垂直于翼弦方向的距离叫翼型的厚度。厚度最大处称为最大厚度。翼型最大厚度与翼弦的比值,叫翼型的厚弦比或相对厚度,用百分比表示。相对厚度是用来表示厚度分布的参数,相对厚度的大小表示翼型的厚薄程度,相对厚度大,表示翼型厚;相对厚度小,表示翼型薄。最大厚度位置,是最大厚度到翼型前缘的距离与弦长的比值,也用百分比表示。现代飞机的相对厚度为 4%～16%,最大厚度位置为 30%～50%。低速飞机机翼的相对厚度为 12%～18%,亚声速飞机机翼的相对厚度为 10%～15%,超声速飞机机翼的相对厚度为 3%～5%。

③ **中弧线、弯度、相对弯度** 垂直弦线的直线在上下翼面所截线段中点的连线称为中弧线。翼型中弧线与翼弦之间的距离称为弧高或弯度。最大弧高与翼弦的比值称为相对弯度,用百分比表示。相对弯度的大小表示翼型的弯曲程度。现代飞机的相对弯度为 0～2%。

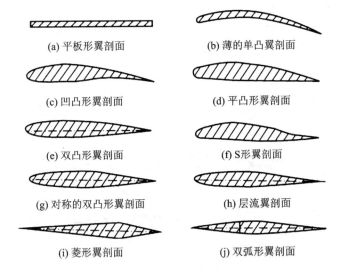

(a) 平板形翼剖面　　　　　　(b) 薄的单凸翼剖面

(c) 凹凸形翼剖面　　　　　　(d) 平凸形翼剖面

(e) 双凸形翼剖面　　　　　　(f) S形翼剖面

(g) 对称的双凸形翼剖面　　　　(h) 层流翼剖面

(i) 菱形翼剖面　　　　　　(j) 双弧形翼剖面

图 2.9　不同的翼型

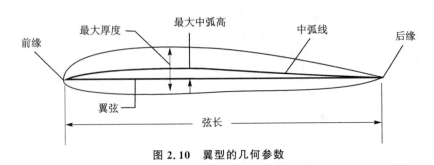

图 2.10　翼型的几何参数

2. 机翼的平面形状

机翼的平面形状是指从上往下看时机翼在平面上的投影形状,是决定飞机性能的重要因素。

早期的飞机,机翼平面形状大都做成矩形。矩形机翼制造简单,但阻力较大,因此一般用于旧式飞机和现代的小型飞机。为了满足高速飞行的需要,解决阻力与飞行速度之间的矛盾,后来又制造出了梯形翼和椭圆翼。椭圆翼的阻力(诱导阻力)最小,但因制造复杂,成本较高,只有少数飞机采用。梯形机翼结合了矩形翼和椭圆形机翼的优点,阻力较小,制造也简单,因而是目前活塞式发动机飞机用得最多的一种机翼。随着喷气式飞机的出现,为适应高速飞行,相继出现了后掠翼、三角翼、S 形前缘翼等机翼,并获得广泛应用。常见的机翼形状如图 2.11 所示。

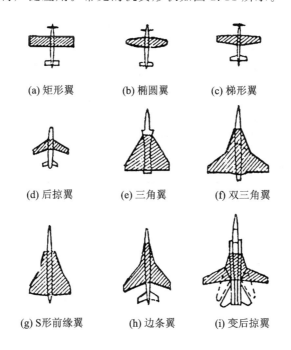

(a) 矩形翼　　(b) 椭圆翼　　(c) 梯形翼

(d) 后掠翼　　(e) 三角翼　　(f) 双三角翼

(g) S 形前缘翼　　(h) 边条翼　　(i) 变后掠翼

图 2.11　不同的机翼形状

各种不同平面形状的机翼,其升力、阻力之所以有差异,与机翼平面形状的各种参数有关。

机翼平面形状的几何参数主要有机翼面积、翼展、展弦比、梢根比、后掠角,如图 2.12 所示。

① 机翼面积:机翼在水平面上的投影面积,用 S 表示。

② 翼展:机翼左右翼尖之间的长度,用 l 表示。

③ 梢根比:翼梢弦长和翼根弦长之比。

④ 展弦比:翼展与平均弦长之比。平均弦长是指机翼面积与翼展比值。现在民

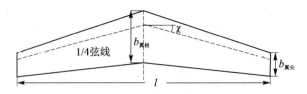

图 2.12　机翼平面形状的几何参数

用运输机一般采用展弦比机翼,随着飞行速度的提高,展弦比将逐渐减小。

⑤ 后掠角:机翼各剖面在纵向的相对位置,即机翼向后倾斜的角度。常用机翼翼型 1/4 弦长点线(或前缘)与飞机横轴的夹角来表示机翼后掠角(或机翼前缘后掠角),用符号 χ 表示。通常 χ_0 表示前缘后掠角,$\chi_{0.25}$ 表示 1/4 弦线后掠角,$\chi_{0.5}$ 表示中弦线后掠角,$\chi_{1.0}$ 表示后缘后掠角。如果不特别指明,后掠角通常指 1/4 弦线后掠角。现代民航运输机后掠角在 $30°$ 左右。

⑥ 几何扭转:飞机机翼各剖面的翼弦不在同一平面内,称为几何扭转。平行于对称面的翼剖面的弦线相对于翼根剖面弦线的角度称为几何扭转角。

⑦ 气动扭转:飞机机翼各剖面的翼弦在同一平面内,但是各剖面的翼型不同,称为气动扭转。平行于机翼对称面任一翼剖面的零升力线和翼根剖面的零升力线之间的夹角称为气动扭转角。

以上所述翼型和机翼的各几何参数对机翼的气动特性影响较大,特别是机翼面积、展弦比、梢根比、后掠角以及相对厚度这 5 个参数对机翼的空气动力特性有重大影响。如何合理地选择这些参数,保证良好的空气动力特性,是飞机设计中的一项重要任务。

3. 机翼相对机身的安装位置

① 机翼相对于机身中心线的高度位置:上单翼、下单翼和中单翼。

② 机翼相对于机身的角度。

机翼相对于机身的角度通常用机翼的安装角和上反角来说明。机翼弦线与机身中心线之间的夹角叫安装角。机翼 1/4 弦线与飞机横轴与纵轴所在平面的夹角称为机翼的上反角或下反角,用 Γ 表示,如图 2.13 所示。通常规定上反为正,下反为负。机翼上反角一般不大,通常不超过 $10°$。

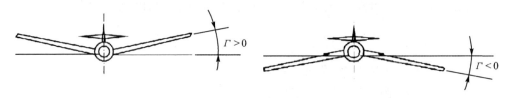

图 2.13　上反角和下反角

2.2.2　升力的产生

1. 迎　角

翼弦与相对气流速度之间的夹角叫迎角,用 α 表示,如图 2.14 所示。迎角不同,相对气流流过机翼时的情况就不同,产生的空气动力就不同,所以迎角是飞机飞行中产生空气动力的重要参数。迎角有正负之分,相对气流方向与翼弦平面下表面的夹角为正迎角,相对气流方向与翼弦平面上表面的夹角为负迎角。飞行时绝大多数时间内飞机处于正迎角状态。机翼的迎角改变后,流线谱会改变,压力分布也随之改变,压力中心发生前后移动。相对气流方向与翼弦重合,迎角为 0°。飞行中,飞行员可通过前后移动驾驶盘来改变迎角的大小或者正负。正常飞行中经常使用的是正迎角。飞行状态不同,迎角的正负、大小一般也不同。在水平飞行时,飞行员可根据机头的高低来判断迎角的大小,机头高,则迎角大;机头低,则迎角小。在其他飞行状态时,单凭机头的高低很难判断迎角的大小和正负,只能根据迎角本身的含义去判断。例如,飞机俯冲时,机头虽然很低,但迎角并非负的,气流仍从下表面吹向机翼,因此迎角是正的;又如在飞机上升时,机头虽然比较高,但迎角却不一定很大,在改出上升时,若推杆过猛,也可能会出现负迎角。

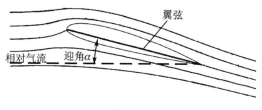

图 2.14　迎　角

机翼上产生的升力大小与翼型的形状和迎角有很大关系,机翼的迎角改变后,流线谱会改变,压力分布也随之改变,压力中心发生前后移动,迎角不同产生的升力也就不同,如图 2.15 所示。

2. 升力的产生

飞机上不仅机翼会产生升力,水平尾翼和机身也会产生升力。但是,同机翼上的升力相比,飞机其他部位产生的升力是微不足道的。所以,通常用机翼的升力来代表整个飞机的升力。下面以翼型为例说明飞机升力的产生原因及变化规律。

当空气接近机翼前缘时,气流开始折转,一部分空气向上绕过机翼前缘流过机翼上表面;另一部分空气仍然由机翼下表面通过。这两部分空气最后在机翼后缘的后方会合,恢复到与机翼前方未受扰动的气流相同的均匀流动状态。在气流被机翼分割为上下两部分时,由于翼型上表面凸起较多而下表面凸起较少,加上机翼有一定的迎角,使流过机翼上表面的流管面积减小,流速增大;翼型下表面气流受阻而使流管面积增大,流速减小。由伯努利定理可知,机翼上表面的压力降低,机翼下表面的压力增大。这样上下翼面之间产生压力差,从而产生了翼型表面的空气动力,将表面各处的空气动力合成到一处就成了翼型的总空气动力 R,R 的方向向上并向后倾斜。根据它所起的作用,可将它分解为垂直于相对气流方向和平行于相对气流方向的两个分力:垂直于相对气流方向上的分量就是机翼的升力,用 L 表示,升力通常起支撑飞机的作用;平行方向阻碍飞机前进的力叫阻力,用 D 表示。升力和阻力的作用点叫压力中心。升力产生的示意图如图 2.16 所示。

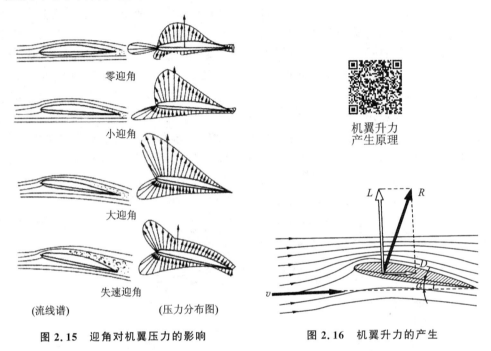

机翼升力产生原理

(流线谱)　　　(压力分布图)

图 2.15　迎角对机翼压力的影响　　　图 2.16　机翼升力的产生

在这里需要特别指出的是,升力 L 与相对气流垂直,而不是与地面垂直。升力 L 的方向取决于飞机的飞行方向,也就是取决于相对流速的方向。它可以向上倾斜,也可以向下倾斜。如果认为升力与地面垂直,那么它总是向上的,这样的认识是错误的。事实上,只有当飞机水平飞行时,迎面气流的流速与地面平行,升力 L 才是垂直向上的。如果飞机处于上升或者向下滑行状态,则升力对于地面来说是倾斜的。

3. 翼型压力分布

机翼的升力是由上、下翼面的压力差产生的。机翼各部位升力的大小是不同的,要想了解机翼各个部位升力的大小,就需要知道机翼表面压力分布的情况。

机翼表面压力的分布通过实验来测定。凡是比大气压力低的叫吸力(负压力),凡是比大气压力高的叫压力(正压力)。机翼表面各点的吸力和压力都可用向量表示。向量的长短表示吸力或压力的大小。向量的方向同机翼表面垂直,箭头方向朝外,表示吸力;箭头指向机翼表面,表示压力。将各个向量的外端用平滑的曲线连接起来就得到了机翼表面的压力分布图。压力最低(吸力最大)的一点,叫最低压力点

（B 点）；在前缘附近，流速为 0，压力最高的一点，叫驻点（A 点），如图 2.17 所示。机翼压力分布并不是一成不变的。如果机翼在相对气流中的位置关系改变了，流线谱就会改变，机翼的压力分布也就随之而变。

从图 2.17 可以看出，机翼产生升力主要靠上表面的压强减少（产生吸力），而不是靠下表面的压强增大。由上表面的吸力所形成的升力一般占总升力的 60%～80%，而由下表面的压强所形成的升力只占总升力的 20%～40%。如果下表面的压强低于大气压强产生向下的吸力，机翼的升力就完全由上表面吸力所产生。

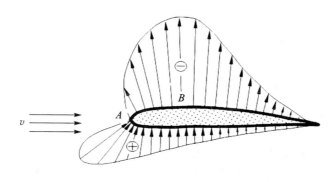

图 2.17　机翼压力分布

2.3　阻力产生的原理及影响

从图 2.16 中作用在机翼上的力可知，机翼上总空气动力 R 分解为升力 L 和与飞行方向平行且方向相反的阻力 D。阻力是与飞机运动方向相反的空气动力，它会阻碍飞机的飞行。飞机上的升力主要由机翼产生，但飞机的阻力却不然。不仅机翼会产生阻力，飞机的其他部分如机身、起落架及尾翼等都会产生阻力。现代飞机在巡航飞行时，机翼阻力占整个飞机总阻力的 25%～35%，因此，不能以机翼阻力来代表整个飞机的阻力。按照阻力产生的原因来分，低速飞机上的阻力有摩擦阻力、压差阻力、诱导阻力和干扰阻力等，其中摩擦阻力、压差阻力、干扰阻力合称为寄生阻力。

2.3.1　气流在机体表面的流动状态

1. 附面层

当气流流过物体表面时，由于空气具有黏性，紧贴物体表面的一层气流与飞机表面发生黏性摩擦，这一层空气完全黏附在飞机表面上，气流速度降低为 0。紧靠静止空气层外的空气层，因受静止空气层黏性摩擦作用，气流速度也要降低，但这种作用弱些，因而速度不会降为 0。再往外，逐层相互间均产生黏性摩擦作用，但阻滞作用逐步减弱。这样，在物体表面上就形成一层空气层，流速由 0 逐渐增大，到一定距离后，流速才与迎面气流速度近乎相等。把物体表面这一层气流流速从 0 逐渐增加到

99%迎面气流流速的很薄的流动空气层称为附面层。附面层的厚度很薄，而且与物面的长度成正比，即物面长度越大，附面层越厚，如图 2.18 所示。在机翼上形成的附面层一般都是很薄的，厚度大的只有几厘米；螺旋桨上的附面层更薄，只有几毫米；可是巨型飞船和海轮船舷上的附面层，其厚度可以达几十厘米，甚至半米。

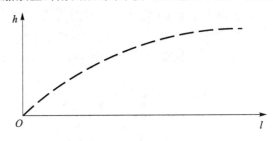

图 2.18　附面层厚度 h 与物面长度 l 的关系

2. 层流附面层与紊流附面层

附面层中气流的流动情况是不同的。附面层按其性质不同，可分为层流附面层和紊流附面层。一般来说，在机翼的最大厚度之前，附面层的气流各层不相混杂而保持平行的分层流动，而且底层的速度梯度较小，这部分叫层流附面层；在最大厚度之后，气流运动变得杂乱无章，并出现旋涡和横向运动，而且贴近翼面的速度梯度也较大，这部分叫紊流附面层。虽然紊流附面层内空气微团的运动是紊乱的，但是整个附面层仍然附着在机翼表面。从层流附面层转变为紊流附面层的那一点叫作转捩点，如图 2.19 所示。

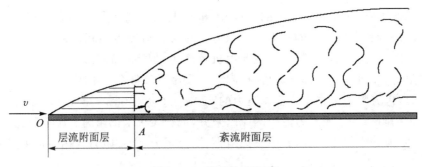

图 2.19　附面层的转捩

层流附面层变为紊流附面层的原因是层流本身的不稳定和物体表面的扰动作用。气流流过机体表面的距离越长，附面层越厚，附面层内的分层流动越不稳定。由于物体表面不是绝对光滑的，凹凸不平的表面不断对附面层施加扰动，使附面层底层气流出现上下脉动，并将扰动不断传给上层气流。当脉动增大到一定程度时，层流附面层也就转捩为紊流附面层。

紊流附面层厚度比层流附面层的厚，而且紊流附面层底部气流的横向速度梯度也比层流附面层大得多。在紊流附面层内，流体微团杂乱无章的上下运动也使气流的能量大量消耗,这说明在紊流附面层的底层,物体表面对气流的黏性阻滞作用要比在层流附面层的底层大得多。

3. 附面层分离

附面层分离(气流分离)是指附面层内的气流无法继续沿着物体表面流动而发生倒流,脱离物体表面,形成大量旋涡的现象。附面层分离的内因是空气具有黏性,外因则是物体表面弯曲而出现的逆压梯度。空气流过机翼的过程中,在机翼表面产生了附面层。附面层中气流速度不仅要受到黏性摩擦的阻滞作用,还要受到附面层外主流的压力影响。附面层中,沿垂直于机翼表面方向的压力变化很小,可认为是相等的,且等于层外主流的压力。从图 2.20 可以看出,从驻点 A 到最低压力点 B,附面层外界的气流速度逐渐增大,压力逐渐减小,使得前面的压力大于后面的压力,称其为顺压梯度。顺压梯度会使附面层内的气流加速。附面层内的气流虽受黏性摩擦的阻滞作用,沿途不断减速,但在顺压的推动下,气流仍能加速向后流去,但速度增加不多。在最低压力点 B 之后情况就不一样了,附面层外界的气流速度逐渐减小,压力也逐渐增大,使得后面的压力大于前面的压力,称其为逆压梯度。附面层内的气流除了要克服黏性摩擦的阻滞作用外,还要克服逆压的阻力作用,因此进入逆压区后气流速度迅速减小,到达某一位置 S 点,附面层底层空气就会完全停止下来,速度降为 0,空气再不能向后流动。在 S 点之后,附面层底层空气在逆压作用下开始向前倒流。于是附面层中逆流而上的空气与顺流而下的空气相顶碰,就使附面层气流拱起,脱离机翼表面而卷进主流。在主流气流的冲击下形成大的旋涡而产生气流分离现象。这些旋涡一方面在相对气流中吹离机翼,一方面又连续不断地在机翼表面产生,如此周而复始地变化着,这样就在分离点之后形成了涡流区。附面层发生分离的点(S 点)称为分离点。

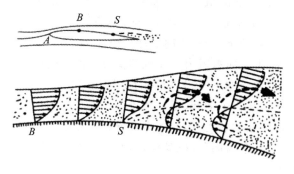

图 2.20　附面层分离

机翼后缘涡流区中压力会有所减小(涡流区压力的大小是和机翼前部的气流相比而言的)。涡流区中,由于产生了旋涡,空气不停地迅速转动,一部分动能因摩擦而损耗,即使流速可以恢复到与机翼前部的流速相等,但压力却恢复不到原来的大小,因此机翼后缘涡流区压力会比机翼前部的压力小。例如,高速行驶的汽车后面时常扬起尘土,就是由于车后涡流区的空气压力小,吸起灰尘的缘故。

2.3.2 阻力的产生

1. 摩擦阻力

摩擦阻力是在附面层内产生的。由于空气是有黏性的,所以当它流过机翼时,就会有一层很薄的气流"粘"在机翼表面上。这是由于流动的空气受到机翼表面给它向前的阻滞力的结果。根据牛顿第三定律,作用力与反作用力总是大小相等方向相反、同时作用在两个物体上的,因此,受阻滞的空气必然会给机翼一个大小相等的向后的作用力,这个向后的力阻滞飞机的飞行,就是摩擦阻力。

摩擦阻力的大小同附面层内的流动情况有很大关系。层流附面层的摩擦阻力小,而紊流附面层的摩擦阻力大。在附面层的底部,紊流附面层横向速度梯度比层流附面层大得多,飞机表面对气流的阻滞作用大。在普通的机翼表面,既有层流附面层,又有紊流附面层,所以为了减小摩擦阻力,人们就千方百计地使物体表面的流动保持层流状态。所谓层流翼型,就是这样设计的。

摩擦阻力的大小除了与附面层内空气流动状态有关之外,还取决于飞机表面的粗糙程度和飞机同空气接触的表面积大小等因素。为了减小摩擦阻力,应在这些方面采取必要的措施。在飞机设计和制造过程中,应尽可能把飞机表面做得光滑些。例如,尽量考虑采用埋头铆钉铆接飞机表面上的结构件(如蒙皮);同时,钉头突出高度或凹进深度应符合设计要求。另外,在飞机设计和安装过程中,尽可能缩小飞机暴露在气流中的表面面积,也有助于减小摩擦阻力。

2. 压差阻力

人在逆风中行走,会感到阻力的作用,这就是一种压差阻力。空气流过机翼时,在机翼前后由于压力差形成的阻力叫压差阻力。飞机的机身、尾翼等部件都会产生压差阻力。空气流过机翼的过程中,在机翼前缘受到阻挡,流速减慢,压强增大;在机翼后缘,特别是在较大迎角下,会产生附面层分离而形成涡流区,压强减小。这样,机翼前后便产生压强差,形成压差阻力。飞机其他部分产生的压差阻力原理与此相同。

总的说来,压差阻力与迎风面积、物体的形状和迎角有关。所谓迎风面积,就是假设用刀把一个物体从当中剖开,正对着风吹来气流的那块面积,如图2.21所示。从经验得知物体的迎风面积越大,压差阻力也就越大。因此,在保证装载所需容积的情况下,为了减小机身的迎风面积,机身横截面的形状应采取圆形或近似圆形,因为相同体积下圆形的面积小。

物体形状对压差阻力也有很大的影响。把一块圆形的平板垂直地放在气流中,在平板前气流被阻滞,压力升高;在平板后会产生大量的涡流,造成气流分离而形成低压区。这样它的前后会形成很大的压差阻力。如果在圆形平板的前面加上一个圆锥体,它的迎风面积并没有改变,但形状却变了,这时平板前面的高压区被圆锥体填满,气流可以平滑地流过,压强不会急剧升高,显然这时平板后面仍有气流分离,低压

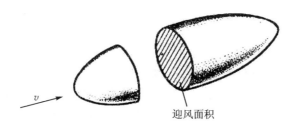

迎风面积

图 2.21 迎风面积

区仍然存在,但是前后的压强差却大为减少,因而压差阻力降低到原来平板压差阻力的 1/5 左右。如果在平板后再加上一个细长的圆锥体,把充满旋涡的低压区也填满,使得物体后面只出现很少的旋涡,那么实验证明压差阻力将会进一步降低到原来平板的 1/25～1/20。像这样前端圆钝、后端尖细,像水滴或雨点似的物体,叫作流线型物体,简称"流线体"。在迎风面积相同的条件下,将物体做成前端圆钝、后端尖细的流线型可以大大减小物体的压差阻力。暴露在空气中的飞机部件都要加以整流形成流线体形状。物体形状对压差阻力的影响如图 2.22 所示。

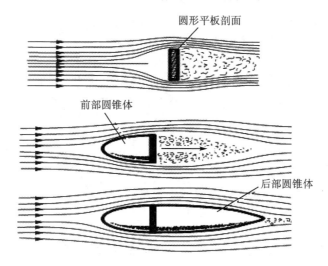

圆形平板剖面

前部圆锥体

后部圆锥体

图 2.22 物体形状对压差阻力的影响

除了物体的迎风面积和形状外,迎角也影响到压差阻力的大小。根据试验结果,涡流区的压力与分离点处气流的压力大小相差不多,这就是说:分离点靠近机翼后缘,涡流区的压力比较大,压差阻力减小;分离点靠近机翼前缘,涡流区的压力就越小,压差阻力会增大。可见,分离点在机翼表面的前后位置可以表明压差阻力的大小。而分离点的位置主要取决于迎角的大小,机翼迎角越大,分离点越靠近机翼前缘,涡流区压强越低,压差阻力越大。

由上面的分析可知,摩擦阻力和压差阻力都是由于空气的黏性引起的,如果空气没黏性,那么上面两种阻力都将不会存在。

3. 干扰阻力

所谓干扰阻力就是飞机各部分之间由于气流相互干扰而产生的一种额外阻力。飞机的各个部件如机翼、机身、尾翼等,单独放在气流中所产生的阻力的总和往往小于把它们组成一架飞机放在气流中所产生的阻力。多出来的量就是由于气流流过各部件时,在的结合处相互干扰产生的干扰阻力。现在以机翼和机身为例,看看这种额外阻力是怎样产生的。

机翼与机身的结合部分如图 2.23 所示。气流流过机翼和机身的连接处,在机翼和机身结合的中部,由于机翼表面和机身表面都向外凸出,流管收缩;而在后部由于机翼表面和机身表面都向内弯曲,流管扩张,在这里形成了一个截面面积先收缩后扩张的气流通道。根据连续性定理和伯努利方程,气流在流动过程中,压强先变小后变大,这样就使结合部的逆压梯度增大,使附面层分离点前移,

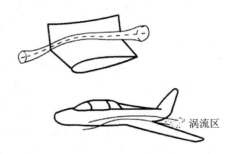

图 2.23　机翼和机身结合部气流的相互干扰

使翼身结合处后部的涡流区扩大,出现额外增加的压差阻力。多出来的这部分压差阻力是由流过飞机各部分的气流互相干扰引起的,因此又称为干扰阻力。

不仅在机翼和机身之间可能产生干扰阻力,在机身和尾翼连接处、机翼和发动机短舱连接处,也都可能产生干扰阻力。

从干扰阻力产生的原因来看,它显然和飞机不同部件之间的相对位置有关。因此为了减小干扰阻力,在飞机设计中,应仔细考虑它们的相对位置,使得气流流过它们之间时压强增大得不多也不快,就可使干扰阻力降低。例如,对于机翼和机身之间的干扰阻力来说,中单翼干扰阻力最小,下单翼最大,上单翼居中。

另外,在不同部件的连接处加装流线型的整流片,使连接处圆滑过渡,尽可能减少涡流的产生,也可有效地降低干扰阻力,如图 2.24 所示。

废阻力

4. 诱导阻力

由以上分析可知,寄生阻力和空气的黏性有关。而诱导阻力和升力的产生有关,是伴随着升力而产生的。如果没有升力,诱导阻力也就不存在。

(1) 翼尖涡流和下洗流

当机翼产生升力时,机翼下表面的压强比上表面的大。由于机翼的翼展是有限的,在上下翼面压力差的作用下,气流沿机翼表面向后流动,下翼面的高压气流还会绕过翼尖流向上翼面,这样就使

翼尖涡流

图 2.24　翼根整流片

下翼面的流线由机翼的翼根向翼尖倾斜,而上翼面的流线则由翼尖向翼根倾斜。因而当上下翼面气流在机翼后缘流过而混合时,这一上下相反的展向流动将形成旋涡,并在翼尖处形成翼尖涡,这种旋涡不断产生并向后流去形成了翼尖涡流,如图 2.25 所示。从机翼后面向前看,左翼尖涡流顺时针旋转,右翼尖涡流逆时针旋转,如图 2.26 所示。飞行中,有时通过飞机翼尖的凝结云也可看到翼尖涡流。因为在翼尖涡流的范围内压力很低,如果空气中所含的水蒸气膨胀冷却而凝结成水珠,便会看到由翼尖向后的两道白雾状的涡流索。

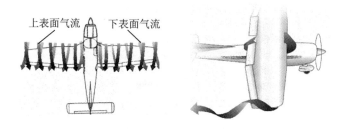

上表面气流　下表面气流

图 2.25　翼尖涡流

翼尖涡流在机翼附近会产生诱导速度场,在整个机翼展长范围内方向都是向下的,称为下洗速度,用 w 表示。由翼尖涡流产生的下洗速度,在两翼尖处最大,向中心逐渐减少,在中心处最小。这是因为空气有黏性,翼尖旋涡会带动它周围的空气一起旋转,越靠内圈,旋转越快,越靠外圈,旋转越慢。因此离翼尖越远,气流下洗速度越小。下洗速度的存在改变了翼型的气流方向,使流过机翼的气流向下倾斜而形成下洗流,流速用 v' 表示。下洗流与来流之间的夹角叫下洗角,用 ε 表示,如图 2.27 所示。

(2)诱导阻力的产生

当气流流过机翼时,机翼上的升力是垂直于相对气流的。由于下洗速度的存在,气流流过机翼后向下倾斜了一个角度,升力也应随之向后倾斜,与下洗流流速 v' 相垂直,即实际升力 L' 是和下洗流方向垂直的。把实际升力分解成垂直于飞行速度方向和平行于飞行速度方向的两个分力。垂直于飞行速度方向的分力 L 仍起着升力的作用,这就是我们经常使用的升力;平行于飞行速度方向的分力 D_i 则起着阻碍飞机前进的作用,成为一部分附加阻力,而这一部分附加阻力,是同升力的存在分不开的,因此这一部分附加阻力称为诱导阻力,如图 2.28 所示。

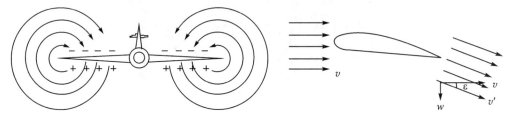

图 2.26　翼尖气流的展向流动　　　　　　图 2.27　下洗流和下洗角

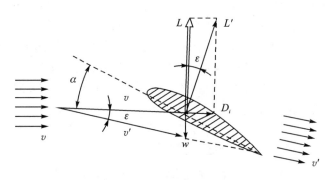

图 2.28　下洗速度与诱导阻力

　　诱导阻力与机翼形状、展弦比、升力和飞行速度有关。机翼的平面形状不同,诱导阻力也不同。在其他因素相同的条件(比如速度和升力)下,椭圆形机翼的诱导阻力最小,矩形机翼的诱导阻力最大,梯形机翼的诱导阻力介于其中。椭圆形机翼虽然诱导阻力最小,但加工制造复杂,一般多使用梯形机翼。

　　机翼面积相同,而展弦比不同的两架飞机在升力相同的情况下,其诱导阻力的大小也不同。展弦比大,则诱导阻力小;展弦比小,则诱导阻力大,如图 2.29 所示。展弦比大的机翼相对比较狭长,展弦比小的机翼则短而宽。如果机翼短而宽,则在翼尖部分升力比较大,形成的翼尖涡流较强,下洗速度也较大,从而带来较大的诱导阻力;对于狭而长的机翼,由于在翼尖部分升力比较小,翼尖涡流比较弱,所以诱导阻力也较小。升力越大,诱导阻力越大。低速时诱导阻力最大,诱导阻力与速度的平方成反比。在得到相同升力的情况下,飞机飞行速度越小,所需要的迎角越大,迎角的增加会使上下翼面压力差增大,翼尖涡流随之增大,诱导阻力也就增大了。此外,在翼尖加装翼梢小翼会阻挡翼尖涡流的翻转,削弱涡流强度,减小外翼气流的下洗速度,从而减小诱导阻力。风洞试验和飞行试验结果表明:翼梢小翼能使全机的诱导阻力减小20%～35%。

综上所述,为了减小飞机上的诱导阻力,可以采取增大机翼的展弦比、选择适当的平面形状(如椭圆形机翼)、增加翼梢小翼等方法。

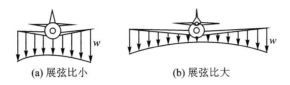

(a) 展弦比小　　　　　(b) 展弦比大

图 2.29　展弦比不同机翼的下洗速度

2.3.3　总阻力

以上从阻力产生的原因详细介绍了低速飞机上的 4 种阻力——摩擦阻力、压差阻力、诱导阻力和干扰阻力,以及降低阻力的措施。只有诱导阻力与升力有关,也称为升致阻力,是产生升力必须付出的代价;而摩擦阻力、压差阻力和干扰阻力都与升力的大小无关,通常称为零升阻力或废阻力。飞机的总阻力是诱导阻力和寄生阻力之和。图 2.30 所示为低速时总阻力随速度变化的曲线,这 4 种阻力对飞行总阻力的影响随着飞行速度和迎角的不同而变化。在低速飞行时,为了得到足够的升力,飞机要以较大的迎角飞行,这样才能保证机翼上下表面的压力差较大,形成的翼尖涡流的强度较大,则诱导阻力大;反之,飞行速度高时,则诱导阻力小。所以,诱导阻力是随着飞行速度的增大而降低的。废阻力是由于空气的黏性而产生的,飞行速度越高,飞机表面对气流的阻滞力越大,废阻力也越大,所以废阻力是随着速度的增大而增大的。在低速(起飞和着陆)时,诱导阻力大于废阻力,诱导阻力占支配位置;在高速(巡航)时,废阻力占主导地位。诱导阻力和寄生阻力相等时,总阻力最小,此时升阻比最大。寄生阻力的大小随速度的增大而增大,与速度的平方成正比。诱导阻力的大小随速度的增大而减小,与速度的平方成反比。

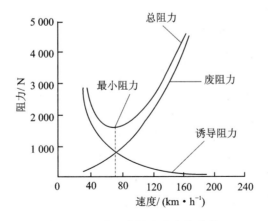

图 2.30　总阻力随速度变化曲线

2.4　飞机的低速空气动力性能

飞机的空气动力性能是决定飞机飞行性能的一个重要因素。飞行员既要熟悉飞机空气动力的产生和变化,同时也要清楚飞机空气动力性能的基本数据。这对更好地认识飞机的飞行性能、正确处理飞行中遇到的有关问题非常重要。所谓飞机的空气动力性能,包括飞机的最大升力系数、最小阻力系数和最大升阻比等。

2.4.1　影响升力和阻力的因素

升力和阻力是飞机与空气发生相对运动时产生的,飞机飞行时应尽量使飞机的升力大而阻力小,这样才能获得较好的空气动力性能。影响飞机升力和阻力的因素主要有迎角、气流速度、空气密度、机翼形状、机翼面积等。

1. 机翼面积的影响

机翼面积越大,上下翼面产生的压力差越大,升力越大,同时机翼与气流的接触面积增大,阻力也会增大。升力、阻力同机翼面积成正比。

2. 气流速度、空气密度的影响

飞行速度越大,升力和阻力也越大,速度增大到原来的 2 倍,则升力和阻力增大到原来的 4 倍,即升力和阻力与飞行速度的平方成正比。因为在同一迎角下,飞行速度增大,机翼上表面的气流速度将增大得多,压力降低得多,而下表面的气流速度增加得少,则上下表面的压力差增大,因此升力增大。从阻力产生的原因可知,飞行速度增大,摩擦阻力和压差阻力都要增大,因此总阻力也增大。升力和阻力与飞行速度不是成简单的正比关系,而是与速度的平方成正比。

空气密度越大,空气动力越大,升力和阻力自然也越大。因为,空气密度增大,当空气流过机翼、速度发生变化时,动压也会发生变化,机翼上下表面的压力差增大。所以,机翼的升力和阻力随空气密度的增大而增大。升力和阻力与空气密度成正比。

3. 迎角和机翼形状的影响

机翼的形状和迎角不同则产生的升力和阻力也不同。因为不同的机翼形状和迎角,会使机翼周围的气流速度及压强发生变化,因而导致升力的改变。

机翼形状对升力和阻力的影响较大。以翼型来说,相对厚度越大,升力和阻力越大。最大位置越靠前,升力和阻力也越大。因为这样可使流过翼面上表面的气流速度加速,压力下降,升力增大,同时后缘涡流区区域增大,阻力增大。相对厚度相同的情况下,弯度越大,升力和阻力越大。机翼平面形状对升力、阻力也有影响。椭圆形机翼诱导阻力最小,矩形机翼诱导阻力最大。机翼展弦比越大,诱导阻力越小。

迎角的变化对升力和阻力也有影响。迎角只能在一定范围内增大,随着迎角的增大,机翼上表面的气流加速,压力降低;下表面速度减小,压力增大,从而升力增大。同时,迎角增大,附面层分离点前移,后面的涡流区增大,压差阻力增大。另外,迎角增大还会导致机翼上、下翼面的压力差增大,使翼尖涡流的作用更强,从而实际升力向后倾斜得更多,故诱导阻力增大。

4. 升力和阻力公式

通过理论和试验证明,升力公式、阻力公式分别为

$$L = C_L \cdot \frac{1}{2}\rho v^2 \cdot S \tag{2-6}$$

$$D = C_D \cdot \frac{1}{2}\rho v^2 \cdot S \tag{2-7}$$

式中,C_L 为升力系数;C_D 为阻力系数;$\frac{1}{2}\rho v^2$ 为飞机的飞行动压;S 为机翼面积。

升力、阻力公式综合表达了影响升力、阻力的各个因素与升力、阻力之间的关系。可见,飞行高度越低,飞行速度越大,机翼上的升力也越大。机翼面积越大,升力当然也越大。公式中的系数 C_L、C_D 通常是通过风洞试验得来的,是无量纲参数。升力系数和阻力系数的大小综合地反映了迎角、翼型及机翼平面形状等因素对升力和阻力的影响。

在飞行中,机翼形状一般是不变的,这样升力系数和阻力系数的变化就几乎由迎角的大小来确定。

升力系数仅仅是影响机翼升力的一个因素,系数本身并不是升力。在讨论飞机的空气动力时,为了突出迎角和机翼对升力的影响,一般用升力系数的变化来分析升力的变化。同理,一般用阻力系数的变化来分析阻力的变化。

2.4.2　飞机的空气动力特性曲线

从风洞试验中,可测定出飞机在各个不同迎角下的升力系数和阻力系数,对这些试验结果进行分析,可绘出升力系数曲线、阻力系数曲线以及升阻比曲线,这些曲线就是飞机的空气动力特性曲线。

1. 升力系数曲线

图 2.31 所示为某型飞机的升力系数曲线,横坐标表示迎角的大小,纵坐标表示升力系数的大小,升力系数曲线表达了升力系数随迎角变化的规律。

从图 2.31 可以看出,曲线与横坐标的交点对应的升力系数为 0,升力为 0,对应的迎角叫零升迎角,用 α_0 表示。翼型不同,零升迎角的大小也不同。对称翼型的零升迎角为 0,因为当迎角为 0 时,上下翼面的流线对称,上下翼面压力一样大,升力系数等于 0。具有一定弯度的非对称翼型的零升迎角一般为负值,这是因为当迎角为 0 时,上下翼面的流线不对称,上表面的流线更密,大于下表面的压强,升力系数大于 0;当升力系数为 0 时,迎角必然小于 0 而为负值。

升力曲线最高点对应的升力系数最大,即最大升力系数。对应的迎角叫临界迎角,用 α_{cr} 表示。当升力系数最大时,飞机达到临界迎角。最大升力系数是决定飞机

起飞和着陆性能的重要参数。最大升力系数越大,速度就越小,所需要的跑道就越短,飞机起飞和着陆也就越安全。

当迎角不大时,升力系数基本上随迎角的增大而成比例增大;当迎角较大时,升力系数随迎角增大的趋势减弱,曲线变得平缓;当迎角增大到临界迎角时,升力系数达到最大;超过临界迎角后,升力系数将随迎角的增大而减小。

升力系数随迎角产生这种变化的主要原因是,当迎角较小时,机翼前缘上表面还没有形成很细的流管,气流在机翼前缘的上表面加速较慢,并没有形成吸力区,这时升力系数比较小,压力中心也较靠后。随着迎角的增大,上翼面前部流线变得更加弯曲,机翼前缘上表面的流管变细,流速更快,压强更低,机翼的升力系数增大,压力中心前移。随着迎角进一步增大,最低压强点的位置继续前移,逆压梯度增强,分离点前移,涡流区扩大,上翼面大部分段上的吸力和下翼面的正压力增大得都很缓慢。这样,升力系数虽仍随迎角的增大而增大,但已成非线性变化,增大趋势渐渐减缓。当迎角超过临界迎角后,附面层分离点很快前移,涡流区迅速扩大到整个上翼面,机翼前缘的吸力陡落,升力系数急剧下降。

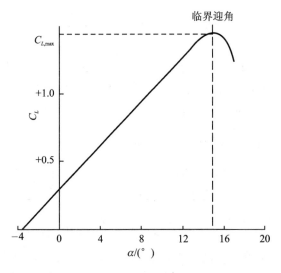

图 2.31　升力系数曲线

2. 阻力系数曲线

图 2.32 所示是某飞机的阻力系数曲线。横坐标表示迎角的大小,纵坐标表示阻力系数的大小,阻力系数曲线反映了阻力系数随迎角变化的规律。图 2.32 中的曲线表明:阻力系数是随着迎角的增大而不断增大的。在小迎角下,阻力系数较小,且增大得较慢;在大迎角下,阻力系数增大得较快;超过临界迎角以后,阻力系数急剧增大。因为在小迎角范围内,飞机的阻力主要是摩擦阻力,迎角对其影响较小;迎角较大时,飞机的阻力主要为压差阻力和诱导阻力,且随着迎角增大,分离点前移,机翼后部的涡流区扩大,压力减小,机翼前后的压力差增加,故压差阻力增加。迎角增大时,

由于机翼上、下表面的压力差增大,使翼尖涡流的作用更强,下洗角增大,导致实际升力更向后倾斜,故诱导阻力增大。超过临界迎角,气流分离严重,涡流区急剧扩大,压差阻力急剧增大,从而导致阻力系数急剧增大。

表征阻力特性的参数有最小阻力系数和零升阻力系数。阻力系数永远不为 0,也就是说飞机上的阻力是始终存在的。但阻力系数存在一个最小值,即最小阻力系数($C_{D,\min}$),它对飞机的最大速度影响很大。零升阻力系数指升力系数为 0 时的阻力系数,飞机的最小阻力系数非常接近零升阻力系数,一般认为零升阻力系数就是最小阻力系数。

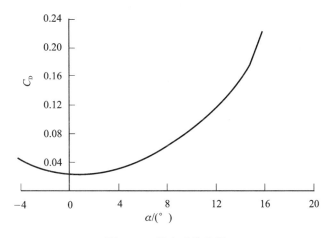

图 2.32　阻力系数曲线

3. 升阻比曲线

升阻比

衡量一架飞机的空气动力性能时,不能单从升力或阻力一个方面来看,必须把两者结合起来。以较小的阻力获得所需要的升力,才能提高飞机的飞行效率。为此引入了升阻比的概念。

升阻比是在相同迎角下,升力与阻力之比,即升力系数与阻力系数之比,用 K 表示,即

$$K = \frac{L}{D} = \frac{C_L \cdot \frac{1}{2}\rho v^2 \cdot S}{C_D \cdot \frac{1}{2}\rho v^2 \cdot S} = \frac{C_L}{C_D} \tag{2-8}$$

因为升力系数和阻力系数主要随迎角而变化,所以升阻比的大小也主要随迎角变化,与空气密度、飞行速度、机翼面积的大小无关。升阻比大,说明在同一升力的情况下阻力较小。升阻比越大,飞机的空气动力性能越好。

图 2.33 所示是某机型的升阻比曲线。升阻比曲线表达了升阻比随迎角变化的规律。从曲线可以看出,升阻比存在一个最大值,叫最大升阻比。最大升阻比对应的迎角叫最小阻力迎角(有利迎角)。

可以看出:迎角由小逐渐增大,升阻比也逐渐增大,当迎角增至最小阻力迎角时,升阻比增至最大。迎角再增大,升阻比反而减小。因为,在最小阻力迎角之前,随迎角增大,升力系数成线性增大,而阻力系数增加缓慢,升力系数比阻力系数增大得幅度大,因此升阻比增大。达到最小阻力迎角时,升阻比达到最大值。在最小阻力迎角后,随迎角增大,升力系数比阻力系数增大得少,因此升阻比减小。迎角超过临界迎角后,由于压差阻力的急剧增大,升阻比急剧降低。在最小阻力迎角下飞行是最有利的。因为这时产生相同的升力,阻力最小,空气动力效率最高。所以一般飞机飞行的迎角都不大。

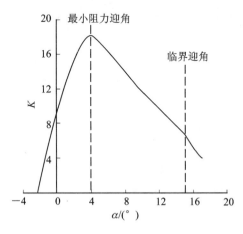

图 2.33　升阻比曲线

4. 飞机极曲线

前面已经讲了,在每一个迎角下,都有一个升力系数和阻力系数。所谓飞机的空气动力系数曲线,就是把飞机的升力系数和阻力系数随迎角变化的关系综合地用一条曲线画出来,这条曲线就是飞机的空气动力系数曲线,简称飞机极曲线。飞机极曲线比较全面地表达了飞机的空气动力性能,在空气动力计算中很有用处。

图 2.34 所示是某机型的极曲线,横坐标为阻力系数,纵坐标为升力系数,曲线上的每一点代表一个与升力系数、阻力系数对应的迎角。从极曲线图上,可以看出 C_L 和 C_D 的对应值及所对应的迎角 α,从图中亦可找出零升迎角 α_0、临界迎角 α_{cr}、最大升力系数 $C_{L,\max}$ 和最小阻力系数 $C_{D,\min}$ 等参数。

从飞机极曲线上可以查出各迎角下的升力系数和阻力系数。由曲线上的某点向两坐标轴作垂线,其纵坐标为该点对应的升力系数,横坐标为所对应的阻力系数值。

在极曲线上,曲线与阻力系数轴的交点为零升迎角和零升阻力系数。曲线最高点对应的升力系数为最大升力系数,此点对应迎角为临界迎角。纵坐标的平行线与曲线最左端切点的阻力系数为最小阻力系数。

从飞机极曲线上还可以得到各迎角下的升阻比,以及最大升阻比和有利迎角。各迎角下的升阻比,可以由飞机极曲线上查出的升力系数和阻力系数计算出来,也可

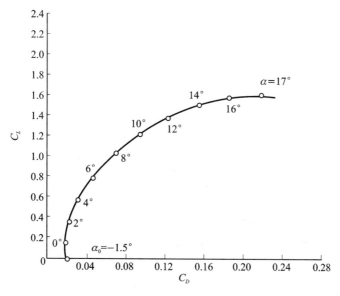

图 2.34　飞机的极曲线

以从飞机极曲线上量取性质角计算出来。所谓性质角就是飞机总空气动力与飞机升力之间的夹角,用 θ 表示。性质角的大小表明总空气动力向后倾斜的程度。升阻比等于性质角的余切值。性质角越小,说明总空气动力向后倾斜得越少,升力越大,阻力越小,因此升阻比大。可见,性质角的大小表明了升阻比的大小。性质角越小,升阻比越大;反之,则升阻比越小。

　　例如,飞机放下起落架后,同一迎角下的阻力系数增大,而升力系数变化不大,因而性质角变大,升阻比减小,曲线向右平移。显然有利迎角也变大了。又如螺旋桨飞机,在同样的飞行速度下,由于螺旋桨飞机的机翼受螺旋桨滑流的影响较大,使受影响的机翼部分实际相对气流速度增大,因而飞机的升力和阻力都要增大。但因受影响的机翼部分一般都位于机翼中段,尽管升力因上下压力差的增大而增大,而由翼尖涡流引起的诱导阻力却增加不多,所以阻力增加较少,其结果是性质角减小,升阻比增大。极曲线向右上方移动,最大升阻比提高,最小阻力迎角变小。

　　由坐标原点作极曲线的切线,则切点处对应的升阻比即为机翼的最大升阻比。在最大升阻比状态下,机翼的气动效率最高。因为,从零升迎角 α_0 开始,随着迎角的增大($\alpha_0<\alpha_1<\alpha_2<\alpha_3$),性质角逐渐减小,升阻比逐渐增大;当从坐标原点向曲线引的射线与曲线相切时,性质角最小,故升阻比最大,对应的迎角为最小阻力迎角;当迎角大于最小阻力迎角时,随迎角增大,性质角减小,升阻比降低,如图 2.35 所示。

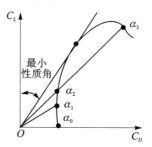

图 2.35　性质角随迎角的变化

2.4.3 地面效应

地面效应是指飞机贴近地面或水面进行低空飞行时,由于地面或水面对飞机表面气流的干扰,使飞机阻力减小,同时能获得比空中飞行更高升阻比的一种空气动力特性。

地面效应

飞机贴近地面飞行时,由于受到地面阻滞,机翼下表面的气流流速减慢,压力升高,机翼上下压力差增大,升力会陡然增加,形成所谓的空气垫现象;由于地面作用,机翼的下洗作用受到阻挡,使流过机翼的气流下洗减弱,下洗角和诱导阻力减小,使飞机阻力减小。

同时,由于地面效应使下洗角减小,水平尾翼的有效迎角增大,平尾上产生向上的附加升力,对飞机重心产生附加的下俯力矩。

地面效应对飞机的影响与飞机距地面的高度有关。当机翼距地面的高度等于 1 个翼展时,诱导阻力仅降低 1.4%;当机翼距地面高度等于 1/10 个翼展时,诱导阻力大约降低 48%。因此,通常飞机距地面高度小于 1 个翼展时,地面效应才起作用。这种影响随离地面高度的增加而迅速减小。

飞机在起飞和着陆阶段是贴近地面飞行的,在此阶段,地面效应对飞机有一定的影响。由于在地面效应中,诱导阻力减小,升力系数增大,因此,机翼只要较小的迎角就能产生相同的升力系数,或者维持迎角不变,升力系数会增大。同时诱导阻力的降低,也导致了所需推力的降低,如图 2.36 所示。

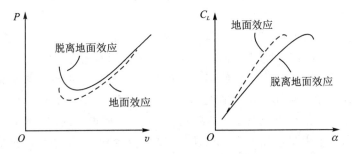

图 2.36　地面效应对升力和阻力的影响

飞机起飞后脱离地面效应影响开始爬升时,由于机翼周围气流恢复正常且诱导阻力急剧增大,升力系数降低,维持飞行所需的拉力和速度也大大增加。如果飞机低于正常起飞速度起飞时,由于地面效应的影响,飞机可以飞起来,但是一旦离开地面效应区,诱导阻力增大,所需推力也增大,飞机速度可能会低于正常爬升速度,这样飞机就会重新回到跑道上。所以飞机不能低于正常爬升速度起飞,不然飞机可能栽到跑道上。

在着陆阶段,也必须重视地面效应的影响。在降落时,尤其是接地前,飞机的升力系数会增大,诱导阻力会减小,飞机好像浮在一个气垫上,产生"漂浮"现象。因此,在飞机接近地面的最后进近阶段,需要减小油门,防止发生"漂浮"。

2.5　增升装置

　　飞机在飞行过程中,升力的大小主要随飞行速度和迎角的变化而变化。飞机高速飞行或巡航飞行时,即使迎角很小,由于速度很大,机翼仍能产生足够的升力,以克服重力而维持飞行;飞机低速飞行,特别是在飞机起飞和着陆时,由于飞行速度较小,只能通过增大迎角来增大升力,但是机翼迎角的增加是有一定限度的。因为当迎角增大到临界迎角时,再增大迎角,就会发生失速现象,升力反而会降低。如果不采取其他措施,就只能增大起飞和着陆速度,这样就会造成起飞和着陆滑跑距离增大,危及飞行安全。

　　因此,为了保证飞机起飞和着陆时仍然能产生足够的升力,有必要在机翼上安装增升装置以增加升力。增升装置主要有前缘缝翼、后缘襟翼、前缘襟翼等。

2.5.1　前缘缝翼

　　前缘缝翼位于机翼前缘的一个小翼面,在大迎角下自动张开,而在小迎角下自动关闭。前缘缝翼打开时与机翼表面形成一条缝隙。下翼面的高压气流流过缝隙,得到加速流向上翼面,增大上翼面附面层中气流速度,延缓气流分离的产生,使临界迎角增大,最大升力系数提高,而阻力系数增大得并不多,如图 2.37 所示。

　　前缘缝翼在大迎角下,特别是在迎角接近临界迎角或超过临界迎角时才使用,因为在这时气流分离现象严重,打开前缘缝翼才能起到增大升力系数的作用。迎角较小时,上翼面气流分离很弱,此时打开前缘缝翼,空气会从压力较大的下翼面通过前缘缝隙流向上翼面,减小上下表面的压力差,升力系数反而会降低,如图 2.38 所示。

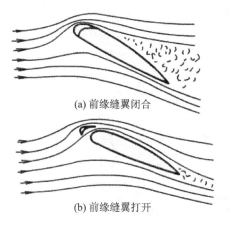

图 2.37　前缘缝翼的增升原理

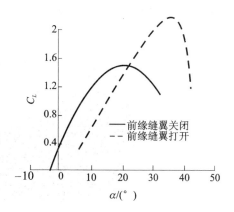

图 2.38　前缘缝翼的增升作用

从构造上看,前缘缝翼有固定式和自动式两种。

固定式前缘缝翼,其缝隙是固定的,不能随迎角的改变而开闭。它的优点是构造简单,但在大速度时,阻力增加较多,所以目前应用不多,只在个别的低速飞机上使用。

自动式前缘缝翼有专门机构与机翼相连,依靠空气的压力或吸力使缝翼闭合和张开。当飞机在小迎角下飞行时,机翼前缘承受空气压力,前缘缝翼被紧压于机翼前缘而处于闭合状态;在大迎角下飞行时,机翼前缘承受很大吸力,将前缘缝翼吸开。这种前缘缝翼能充分发挥大迎角下提高升力的作用,而又不致在小迎角(大速度)下增加很大阻力,故常为某些飞机所采用。

目前有的飞机只在靠近翼尖、副翼之前设有缝翼,叫翼尖前缘缝翼。它的主要作用是在大迎角下延缓翼尖部分的气流分离,从而提高副翼的操纵效率,改善飞机的横侧面安定性和操纵性。

前缘缝翼的主要作用是延缓机翼上的气流分离,提高临界迎角,使飞机在更大的迎角下才会失速,增大升力系数。

2.5.2 后缘襟翼

后缘襟翼位于机翼后缘。放下襟翼可以提高升力系数,同时也可以提高阻力系数。后缘襟翼通常用于起飞和着陆,以缩短滑跑距离。起飞放下的角度较小,着陆时放下的角度较大。常见的后缘襟翼有简单襟翼、分裂襟翼、开缝襟翼、后退襟翼、后退开缝襟翼等多种形式。

1. 简单襟翼

简单襟翼是装在机翼后缘可绕转轴转动的小翼面,如图 2.39 所示。放下简单襟翼相当于改变了机翼的剖面形状,增大了翼型弯度。这样,空气流过机翼上表面时,流速加快,压力降低;而流过机翼下表面时,流速减慢,压力提高。因而机翼上下压力差增大,升力系数提高。放下襟翼后,由于机翼后缘涡流区扩大,机翼前后压力差增

图 2.39 简单襟翼

大,所以阻力系数也同时增大。襟翼放下的角度越大,升力系数和阻力系数增大得越多,但在一般情况下阻力增大的百分比要比升力增大的百分比更大些,所以升阻比是降低的,这对缩短着陆滑跑距离有利。在大迎角下放下襟翼时,气流分离提前,涡流区扩大,临界迎角减小。简单襟翼的增升效果如图 2.40 所示。

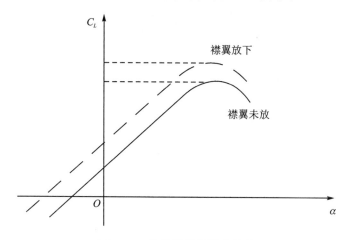

图 2.40　简单襟翼的增升效果

由于这种襟翼的增升效果不是很好,故一般多用于低速飞机,高速飞机很少单独使用。

2. 分裂襟翼

分裂襟翼是从机翼后缘下表面分裂出来的一部分翼面。这种襟翼放下后,一方面在襟翼和机翼下表面后部之间形成涡流,机翼后缘附近压强降低,对机翼上表面气流有吸引作用,使机翼上表面气流速度加快,延迟气流分离,提高升力系数。另一方面,放下襟翼,机翼剖面变得更弯曲,则上下表面压力差增大,升力增大。增升效果比简单襟翼好,如图 2.41 所示。

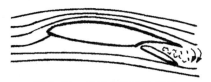

图 2.41　分裂襟翼及流线谱

但是,也由于在机翼后产生了紊乱的气流模式,所以产生的阻力更多。当完全伸出时,简单襟翼和分裂襟翼都产生很大的阻力,而升力增加得却不多。

3. 开缝襟翼

开缝襟翼是由简单襟翼改进而来的,如图 2.42 所示。放下开缝襟翼,在向下偏转而增大翼型相对弯度的同时,襟翼前缘与机翼后缘之间形成缝隙,空气从下表面通过缝隙流向上表面,增大上表面附面层气流速度,延迟气流分离,提高升力系数;另一方面,放下开缝襟翼,使机翼更加弯曲,也有提高升力的作用。所以开缝襟翼的增升效果比较好,最大升力系数一般可增大 85%～95%,而临界迎角降低不多,因此增升效果较好。开缝襟翼是中小型飞机主要采用的类型。

开缝襟翼有不同的类型,大飞机通常有双开缝襟翼、三开缝襟翼。开缝襟翼利用气流通过缝隙来延缓气流的分离,有一定的限度。当偏转角增大到某一程度时,气流仍会发生分离,而且襟翼还可能发生振动。这时如果采用双缝襟翼可以消除这些缺点。用双开缝襟翼,将有更多的高速气流从下翼面通过两道缝隙流向上翼面后缘,吹除涡流,促使气流仍然能贴着弯曲的翼面流动。这样,即使襟翼偏转到相当大的角度,也不至于发生气流分离,因而能提高增升效果。双开缝后缘襟翼与单开缝后缘襟翼构造相似,只是有两个缝。在襟翼之前还有一小块翼面,因此放下时与机翼后缘构成两个缝。若采用三缝和多缝襟翼,增升效果会更好,但构造复杂,故目前双开缝襟翼应用较为普遍。

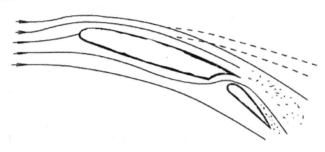

图 2.42 开缝襟翼的流线谱

4. 后退襟翼

放下后退襟翼,襟翼不仅向下偏转以增大机翼剖面的相对弯度,同时还向后滑动,增大机翼面积,如图 2.43 所示。这种襟翼增升效果较好,且临界迎角降低较少,其最大升力系数可增大到原来的 $85\% \sim 95\%$,比上述各种襟翼的都要大。

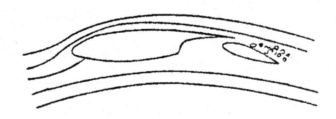

图 2.43 后退襟翼的流线谱

5. 后退开缝襟翼

后退开缝襟翼又称为"富勒"襟翼。位于机翼后缘的下表面,打开时向后滑动一段距离,同时又向下偏转,并与机翼后缘形成一条缝隙,如图 2.44 所示。

后退开缝襟翼兼有后退襟翼和开缝襟翼的优点,不仅翼型弯度增大,机翼面积也增大了,同时防止气流分离,增升效果很好。最大升力系数可增大到原来的 $110\% \sim 140\%$。现在大型、高速飞机大都采用这种襟翼。

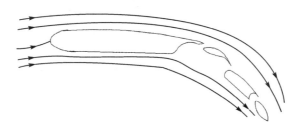

图 2.44　后退开缝襟翼的流线谱

2.5.3　前缘襟翼

位于机翼前缘的襟翼叫前缘襟翼,如图 2.45 所示。在大迎角下,前缘襟翼绕铰链轴向下偏转,使前缘与相对气流的角度减小,气流能够平滑地沿着上翼面流过,延缓气流分离;同时也增大了翼型弯度。这样最大升力系数和临界迎角都得到提高。另一种形式的前缘襟翼称为克鲁格襟翼,如图 2.46 所示。它装在机翼前缘下部,不使用时紧贴在机翼前缘下表面,打开时向下前方翻转,既增大了翼型弯度,又增大了机翼面积,有较好的增升效果。例如,波音 747、三叉戟等喷气客机上就装有这种襟翼。

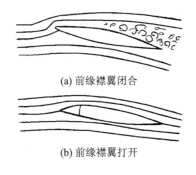

(a) 前缘襟翼闭合

(b) 前缘襟翼打开

图 2.45　前缘襟翼的增升原理

图 2.46　克鲁格襟翼

前缘襟翼广泛应用于高亚声速飞机和超声速飞机。飞机在大迎角下飞行时,附面层分离点提前,机翼上表面前缘就开始产生气流分离,最大升力系数大大降低。超声速飞机机翼一般采用前缘尖锐、相对厚度较小的翼型。因此当飞机着陆或以大迎角做低速飞行时,由于前缘上表面没有形成光滑的气流通道,机翼前缘也会发生气流分离,产生大量旋涡,使得最大升力系数值大大降低。为了防止这种现象的产生,需要使用前缘襟翼。

前缘襟翼经常和后缘襟翼配合使用,因为当飞机使用后缘襟翼时,即使后缘襟翼向下偏转角度不大,在机翼前缘上表面也会产生局部的气流分离,对飞机的飞行性能产生不利的影响。这时如果采用前缘襟翼或前缘缝翼,可以带来双重利益。它们不但可以消除机翼前缘上表面的局部气流分离,改进后缘襟翼的增升效果,而且本身也有增升作用。

增升装置的种类很多,但增升装置的增升原理主要有以下 3 条:

① 改变机翼剖面形状,增大翼型弯度,使上下翼面的压力差增大,从而提高升力系数;

② 控制机翼附面层,加速附面层内气流流动,延迟气流分离,提高最大升力系数和临界迎角;

③ 增大机翼面积,从而增大升力。

襟　翼

思考题

2-1　解释下列术语:

①相对厚度;②相对弯度(中弧曲度);③展弦比;④后掠角;

⑤迎角,最小阻力迎角,临界迎角;⑥升阻比;⑦压力中心,分离点。

2-2　说明流线、流管、流线谱的特点。

2-3　利用连续性定理说明流管截面积变化与气流速度变化的关系。

2-4　说明伯努利方程中各项参数的物理意义,并利用伯努利定理说明气流速度变化与气流压强变化的关系。

2-5　机翼的升力是如何产生的? 利用翼型的压力分布图说明翼型各部分对升力的贡献。

2-6　写出飞机的升力公式,并说明公式各个参数的物理意义。

2-7　写出飞机的阻力公式,并说明公式各个参数的物理意义。

2-8　附面层是如何形成的?

2-9　附面层气流分离是如何产生的? 涡流区的压强有何特点?

2-10　飞机的摩擦阻力、压差阻力、诱导阻力是如何产生的?

2-11　画出飞机的升力系数曲线。说明升力系数随迎角变化的原因。

2-12　画出飞机的阻力系数曲线。说明阻力系数随迎角变化的原因。

2-13　简述升阻比随迎角变化的规律。

2-14　画出飞机的极曲线,并在曲线上注明主要的气动性能参数。

2-15　地面效应是如何影响飞机的气动性能的?

2-16　简述前缘缝翼、前缘襟翼、后缘简单襟翼、开缝襟翼、后退开缝襟翼的增升原理。

2-17　后缘襟翼的功用是什么? 后缘襟翼分哪几种? 其增升的基本方法和原理是什么?

第 3 章　飞行的平衡、稳定性和操纵性

在分析了飞机空气动力产生的原因和变化规律之后,本章进一步分析飞机在空气动力及其本身重力作用下的运动规律,以及在飞行中操纵飞机的规律等问题。本章将从飞机的平衡、稳定性和操纵性三个方面展开论述。飞行器的飞行品质是指稳定性和操纵性,即飞机操纵起来是否方便灵活、乘客感觉是否舒适等,如果飞行品质太差,那么驾驶员就无法有效地控制飞机,严重的还可能酿成飞行事故。

3.1　飞机的重心与坐标轴

3.1.1　飞机重心

飞机各部件、燃料、乘员、货物等重量的合力叫作飞机的重力。飞机重力的作用点叫作飞机重心。飞机重力作用点所在的位置叫作重心位置,如图 3.1 所示。

飞机在空中的运动不论怎样错综复杂,总可以分解为飞机各部分随飞机重心一起的移动和飞机各部分绕飞机重心的转动。飞行员在空中操纵飞机,就是通过改变油门的大小来改变发动机推力的大小的;通过操纵驾驶盘(杆)来操纵舵面,改变作用于飞机的空气动力和力矩,以保持或改变飞

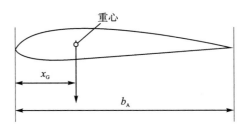

图 3.1　重心位置表示

机重心的移动速度和飞机绕重心的转动角速度。可见,飞机的运动和操纵与飞机重心的位置有密切的关系。

飞机的重心位置常用重心在平均空气动力弦上的投影到该弦前端的距离 x_G 占平均空气动力弦 b_A 的百分比来表示,如图 3.1 所示,即

$$\bar{x} = \frac{x_G}{b_A} \times 100\% \tag{3-1}$$

所谓平均空气动力弦就是一个假想的矩形机翼的翼弦,这个假想的矩形机翼的面积、空气动力和俯仰力矩等特性都与原机翼相同,如图 3.2 所示。

飞行中,飞机的重心位置不随飞机姿态改变,而会随着飞机装载的数量和位置的变化而变化。

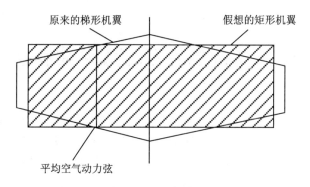

图 3.2　平均空气动力弦

3.1.2　飞机的坐标轴

研究飞机的平衡、稳定性和操纵性原理的时候,为了描述飞机的空间位置、运动轨迹、气动力和力矩等向量,需要采用相应的坐标系。常用的坐标系有地面坐标轴系、机体坐标轴系、气流坐标轴系和航迹坐标轴系等。这些坐标系都是三维正交右手系。为了方便研究问题,我们选用机体坐标轴系来研究飞机的运动规律。

机体坐标轴体系 $OX_tY_tZ_t$ 是固定在飞机上、随飞机一起转动的坐标系,其原点 O 位于飞机的重心。飞机的机体轴线有三个,它们都相交于飞机的重心,并且两两相互垂直。沿着机身长度方向,在飞机对称面内由机尾通过重心指向机头的直线称为飞机的纵轴 OX_t,指向机头的方向为正方向;从左机翼通过飞机重心到右机翼并与纵轴垂直的直线称为飞机的横轴 OZ_t,指向右机翼方向为正方向;通过飞机的重心并垂直于纵轴和横轴,指向飞机上方的直线称为飞机的立轴 OY_t,指向上方为正方向,如图 3.3 所示。

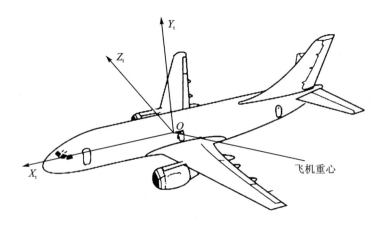

图 3.3　飞机机体坐标轴和重心

飞行中飞机姿态的改变都是绕着以上三个轴中的一个或多个转动的,飞机绕机体纵轴的转动称为滚转运动;飞机绕机体立轴的转动称为偏航运动;飞机绕机体横轴的转动称为俯仰运动,如图 3.4 所示。

机体坐标轴

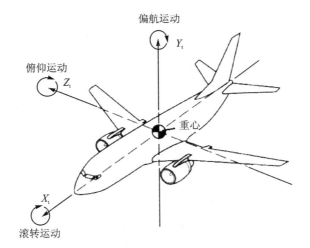

图 3.4　机体轴及对应转动

3.1.3　力　矩

若把飞机看成一个质点,则它在空气中的飞行可以看成是其重心的移动和绕重心的转动的合成运动。重心的移动取决于作用在飞机上的外力,而绕重心的转动则取决于作用在飞机上的力对重心的力矩。这种力矩有些是由发动机引起的,也有些是由空气动力引起的。下面来研究由空气动力引起的这部分力矩。

空气动力学中,作用力使飞机有绕着重心或机体轴转动的趋向,用力矩这个物理量综合表示。力矩被定义为力与力臂的乘积,其中力臂是指力到重心或机体轴的垂直距离。力矩概括了影响转动物体运动状态变化的所有规律,是改变转动物体运动状态的物理量。飞机绕纵轴、立轴、横轴的力矩分别称为滚转力矩 M_X、偏转力矩 M_Y 和俯仰力矩 M_Z,绕纵轴、立轴、横轴的转动角速度分别称为滚转角速度 ω_X、偏转角速度 ω_Y 和俯仰角速度 ω_Z。

把作用在飞机上的力矩沿机体的三个坐标轴进行分解,得到三个力矩分量,即俯仰力矩、偏航力矩和滚转力矩。

飞机控制-滚转
俯仰偏航

1. 俯仰力矩

俯仰力矩也称为纵向力矩,它的作用是使飞机绕横轴做抬头或低头的转动(称为俯仰运动)。升降舵向上偏转,将引起正的俯仰力矩,使飞机抬头;升降舵向下偏转,将引起负的俯仰力矩,使飞低头。

2. 偏航力矩

偏航力矩的作用是使飞机绕立轴做旋转运动。方向舵向左偏,将引起正的偏航力矩,使飞机向左偏转;方向舵向右偏,将引起负的偏航力矩,使飞机向右偏转。

3. 滚转力矩

滚转力矩也称为倾斜力矩,它的作用是使飞机绕纵轴做滚转运动。副翼的偏转改变了左右机翼上的升力,从而产生飞机绕纵轴转动的滚转力矩。由于副翼偏转角的正向定义(右副翼向下偏转,左副翼向上偏转),副翼的正偏转角将引起负的滚转力矩,使飞机向左滚转。

3.2 飞机的平衡

飞机的平衡是指作用于飞机的各力之和为 0,各力对重心所产生的各力矩之和也为 0。飞机处于平衡状态时,飞行速度的大小和方向都保持不变,也不绕重心转动;反之,飞机处于不平衡状态时,飞行速度的大小方向将发生变化,并绕重心转动。飞机能否自动保持平衡状态,是稳定性的问题;如何改变其原有的平衡状态,则是操纵性的问题。所以,研究飞机的平衡是分析飞机稳定性和操纵性的基础。

飞机的平衡包括作用力平衡和力矩平衡两个方面。飞行中,飞机重心移动速度的变化直接和作用于飞机的各力是否平衡有关;飞机绕重心转动的角速度的变化,则直接和作用于飞机的各力矩是否平衡有关。本节只分析有关力矩平衡的问题。

为研究问题方便,一般用相对于飞机的三个轴来研究飞机力矩的平衡:

① 相对横轴 OZ_t——俯仰平衡;

② 相对立轴 OY_t——方向平衡;

③ 相对纵轴 OX_t——横侧平衡。

下面分别从这 3 个方面阐明飞机力矩平衡的客观原理、影响力矩平衡的因素以及保持平衡的方法。

3.2.1 俯仰平衡

飞机的俯仰平衡是指作用于飞机的各俯仰力矩之和为 0。飞机达到俯仰平衡后,不绕横轴转动,迎角保持不变。

1. 飞机俯仰平衡的获得

作用于飞机的俯仰力矩很多,主要有机翼力矩、水平尾翼力矩及拉力(推力)力矩,如图 3.5 所示。

机翼力矩就是机翼升力对飞机重心所产生的俯仰力矩,用 $M_{Z翼}$ 表示。由

$$M_{Z翼} = L_翼 \cdot x_翼$$

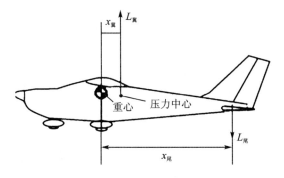

图 3.5　俯仰力矩

$$L_\text{翼} = C_{L\text{翼}} \cdot \frac{1}{2}\rho v^2 \cdot S_\text{翼}$$

可得

$$M_{Z\text{翼}} = C_{L\text{翼}} \cdot \frac{1}{2}\rho v^2 \cdot S_\text{翼} \cdot x_\text{翼} \tag{3-2}$$

对同一架飞机,当其在一定高度上、以一定的速度飞行时(S, ρ, v 不变),机翼力矩的大小只取决于升力系数 $C_{L\text{翼}}$ 和压力中心至重心的距离 $x_\text{翼}$。而升力系数的大小和压力中心的位置又都是随机翼迎角的改变而变化的,所以机翼力矩的大小最终只取决于飞机重心的前后位置和迎角的大小。一般情况下,机翼力矩是下俯力矩。当重心后移较多而迎角又很大时,压力中心可能移至重心前,机翼力矩则变成上仰力矩。

水平尾翼力矩是水平尾翼升力对飞机重心所产生的俯仰力矩,用 $M_{Z\text{尾}}$ 表示。由

$$M_{Z\text{尾}} = L_\text{尾} \cdot x_\text{尾}$$

$$L_\text{尾} = C_{L\text{尾}} \cdot \frac{1}{2}\rho v_\text{尾}^2 \cdot S_\text{尾}$$

可得

$$M_{Z\text{尾}} = C_{L\text{尾}} \cdot \frac{1}{2}\rho v_\text{尾}^2 \cdot S_\text{尾} \cdot x_\text{尾} \tag{3-3}$$

水平尾翼升力系数 $C_{L\text{尾}}$ 主要取决于水平尾翼迎角和升降舵偏转角,还取决于机翼迎角、气流流过机翼后的下洗角以及水平尾翼的安装角。升降舵上偏或下偏能改变水平尾翼的切面形状,从而引起水平尾翼升力系数的变化。

由于机身机翼的阻滞、螺旋桨滑流等影响,流向水平尾翼的气流速度 $v_\text{尾}$ 往往与飞机的飞行速度是不相同的,可能大也可能小,这与机型和飞行状态有关。

水平尾翼升力着力点到飞机重心的距离 $x_\text{尾}$ 取决于水平尾翼迎角。迎角改变,水平尾翼升力着力点位置也要改变,但其改变量同距离 $x_\text{尾}$ 比较起来却很微小,一般可以认为 $x_\text{尾}$ 不变。

由以上分析可知,对同一架飞机而言,在一定高度上飞行时($S_\text{尾}, \rho, x_\text{尾}$ 不变),由

于平尾安装角不变,而下洗角又取决于机翼迎角的大小,故飞行中影响水平尾翼力矩变化的主要因素是机翼迎角、升降舵偏转角和流向水平尾翼的气流速度。在一般飞行情况下,水平尾翼产生负升力,故水平尾翼力矩是上仰力矩。机翼迎角很大时,水平尾翼可能产生正升力,从而会产生下俯力矩。

螺旋桨的拉力或喷气发动机的推力,其作用线若不通过飞机重心,就会产生围绕重心的俯仰力矩,该力矩叫作拉力或推力力矩,用 $M_{Z拉}$ 或 $M_{Z推}$ 表示。对同一架飞机来说,拉力或推力产生的俯仰力矩的大小主要受油门位置的影响。增大油门,拉力或推力增大,俯仰力矩增大。一般情况下拉力或推力力矩都不大。

飞机若要达到俯仰平衡,必须使机翼力矩、水平尾翼力矩和拉力(推力)力矩之和为 0,即作用于飞机的各俯仰力矩之和为 0,这样就可以保持飞机的俯仰平衡。用式子表示为

$$\sum M_Z = 0$$

2. 影响俯仰平衡的因素

影响俯仰平衡的因素很多,主要有加减油门、收放襟翼、收放起落架和重心位置变化。下面分别介绍。

① **加减油门对俯仰平衡的影响** 加减油门会改变拉力或推力的大小,从而改变拉力力矩或推力力矩的大小,影响飞机的俯仰平衡。需要指出的是,加减油门后,飞机是上仰还是下俯,不能单看拉力力矩或推力力矩对俯仰平衡的影响,需要综合考虑加减油门所引起的机翼、水平尾翼力矩等的变化。

② **收放襟翼对俯仰平衡的影响** 收放襟翼会引起飞机升力和俯仰力矩的改变,从而影响俯仰平衡。比如,放下襟翼,一方面因机翼升力增大和压力中心后移,飞机的下俯力矩增大,使机头下俯;另一方面由于通过机翼的气流下洗角增大,水平尾翼的负迎角增大,负升力增大,飞机上仰力矩增大,使机头上仰。放下襟翼后,究竟是下俯力矩大还是上仰力矩大,与襟翼的类型、放下的角度以及水平尾翼位置的高低、面积的大小等参数有关。放下襟翼后,机头是上仰还是下俯,不仅要看上仰力矩和下俯力矩谁大谁小,还要看升力最终是增还是减。放下襟翼后,如果上仰力矩增大,迎角因之增加,升力增大,此时,飞机自然转入向上的曲线飞行而使机头上仰。但如果下俯力矩增大,迎角因之减小,这就可能出现两种可能的情况:一种是迎角减小得较多,升力反而降低,飞机就转入向下的曲线飞行而使机头下俯;一种是迎角减小得不多,升力因放襟翼仍然增大,飞机仍将转入向上的曲线飞行而使机头上仰。为减轻上述放襟翼对飞机的影响,各型飞机对放襟翼时的速度和放下角度都有一定的规定。收襟翼,升力减小,飞机会转入向下的曲线飞行而使机头下俯。

③ **收放起落架对俯仰平衡的影响** 收放起落架会引起飞机重心位置的前后移动,飞机将产生附加的俯仰力矩。比如,放下起落架,如果重心前移,飞机将产生附加的下俯力矩;重心后移,则产生附加的上仰力矩。此外,起落架放下后,机轮和减震支柱上还会产生阻力,这个阻力对重心产生下俯力矩。上述力矩都将影响飞机的俯仰

平衡。收放起落架,飞机到底是上仰还是下俯,须综合考虑上述力矩的影响。

④ **重心位置变化对俯仰平衡的影响**　飞行中,人员、货物的移动,燃料的消耗等都可能引起飞机重心位置的前后变动。重心位置的改变势必引起各俯仰力矩的改变,主要是影响到机翼力矩的改变。所以,重心前移,下俯力矩增大;重心后移,上仰力矩增大。

3. 保持俯仰平衡的方法

如上所述,飞行中,影响飞机俯仰平衡的因素是经常存在的。为了保持飞机的俯仰平衡,飞行员可前后移动驾驶盘或使用调整片(调整片工作原理将在 3.4.1 节讲述)偏转升降舵,以产生操纵力矩,保持力矩的平衡。

3.2.2　飞机的方向平衡

飞机的方向平衡是指作用于飞机的各偏转力矩之和为 0。飞机达到方向平衡后,不绕立轴转动。

1. 方向平衡的获得

作用于飞机的偏转力矩主要有两翼阻力对重心产生的力矩、垂直尾翼侧力对重心产生的力矩、双发或多发动机的拉力对重心产生的力矩。

飞机做无侧滑飞行时,一边机翼的阻力(如图 3.6 中的 $D_左$ 或 $D_右$)对重心产生的力矩,使机头偏转,这种力矩叫机翼阻力力矩、用 $M_{Y翼}$ 表示,可用下式计算。

$$M_{Y翼} = D_右 \, l_右$$

或

$$M_{Y翼} = D_左 \, l_左$$

式中,$l_左$、$l_右$ 分别表示左边和右边机翼阻力作用线至重心的垂直距离。

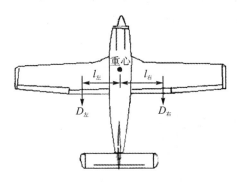

图 3.6　机翼的阻力力矩

垂直尾翼侧力可能因飞机的侧滑、螺旋桨滑流的扭转以及方向舵偏转等原因产生。

双发动机或多发动机的飞机,其一边发动机的推力绕重心所产生的力矩会使机头偏转,这种力矩叫发动机推力力矩。

飞机若要达到方向平衡,必须使作用于飞机的左偏力矩之和等于右偏力矩之和,即作用于飞机的各偏转力矩之和为 0,即

$$\sum M_Y - 0$$

2. 影响方向平衡的因素

飞行中,各偏转力矩的大小有时会发生变化,使作用于飞机的各偏转力矩不再彼此相等,因而飞机丧失方向平衡状态,机头自动偏转。下列因素将影响飞机的方向平衡:一边机翼变形(或两边机翼形状不一致),左右两翼阻力不等;多发动机飞机,左右两边发动机工作状态不同,或者一边发动机停车,从而产生不对称拉力;螺旋桨发动机,油门改变,螺旋桨滑流引起的垂直尾翼力矩随之改变。

3. 保持方向平衡的方法

飞机的方向平衡受到破坏时,最有效的克服方法就是适当地蹬舵或使用方向舵调整片,利用方向舵偏转产生的方向操纵力矩来平衡使机头偏转的力矩,从而保持飞机的方向平衡。

3.2.3 飞机的横侧平衡

飞机的横侧平衡是指作用于飞机的各滚转力矩之和为 0。飞机达到横侧平衡后,不绕纵轴滚转,坡度不变或没有坡度。

1. 横侧平衡的获得

作用于飞机的滚转力矩主要有两翼升力对重心产生的力矩和螺旋桨旋转时的反作用力矩。

飞行中,一边机翼的升力对重心所产生的力矩会使飞机滚转,此力矩叫机翼升力力矩 $M_{X翼}$。例如,左机翼的升力 $L_左$,对重心的力矩为 $L_左 l_左$,迫使飞机绕纵轴 OX_t 向右滚转;右机翼的升力 $L_右$,对重心的力矩为 $L_右 l_右$,迫使飞机绕纵轴 OX_t 向左滚转,如图 3.7 所示。

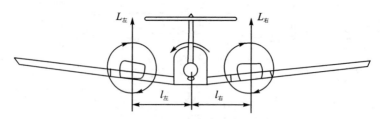

图 3.7 飞机机翼滚转力矩

要使飞机达到横侧平衡,必须使飞机的左滚力矩之和等于右滚力矩之和,即作用于飞机的各滚转力矩之和为 0,即

$$\sum M_X = 0$$

2. 影响横侧平衡的因素

飞行中,由于作用于飞机的滚转力矩的大小不是一成不变的,因此,飞机已达到的横向平衡状态还会因滚转力矩的变化而受到破坏。下列因素将影响飞机的横侧平衡:一边机翼发生变化(或两边机翼形状不一致),两翼升力不等;螺旋桨发动机油门改变,螺旋桨反作用力矩随之改变;重心左右移动(如两翼的油箱,耗油量不均),两翼升力作用点至重心的力臂改变,形成附加滚转力矩。

3. 保持横侧平衡的方法

飞机的横侧平衡受到破坏时,飞行员保持平衡最有效的方法就是适当转动驾驶盘或添加副翼调整片,利用偏转副翼产生的横侧操纵力矩来平衡使飞机滚转的力矩,以保持飞机的横侧平衡。

飞机的方向平衡和横侧平衡是相互联系、相互依赖的,方向平衡受到破坏,如不修正就会引起横侧平衡的破坏。反之,如果失去横侧平衡,方向平衡也就无法保持。飞机的方向平衡和横侧平衡统称飞机的侧向平衡。显然,为了保持飞机的侧向平衡,经常需要同时操纵副翼和方向舵。

3.3　飞机的稳定性

飞机在飞行中,其平衡不是一成不变的,经常会因为各种因素(如燃油消耗、收放起落架、收放襟翼、发动机推力改变等)的影响而遭到破坏,从而使飞机的平衡状态发生变化。此时,驾驶员可以通过偏转相应的操纵面来保持飞机的平衡,该操作称为配平。对于飞机的配平而言,不平衡的力矩是由一些长久作用的因素(如单台发动机停车)造成的,因而驾驶员适当地偏舵就可以克服。除此之外,飞机在飞行过程中还常常会碰到一些偶然的、瞬时作用的因素,例如气流的扰动、发动机工作不均衡或偶尔触动一下驾驶杆或脚蹬等,这些扰动也会使飞机的平衡状态遭到破坏,并且在这种情况下,飞机运动参数的变化比较剧烈,驾驶员很难加以控制,会影响飞行的安全。因此在偏离后,飞机能否自动恢复到原平衡状态直接影响飞机的稳定性。

飞机的稳定性是指飞机受扰动偏离原来的平衡位置后,不需要人为干预,靠自身特性自动恢复到原来平衡状态的能力。飞机的稳定性是飞机本身具有的一种特性,它不是一成不变的,而是随着飞行条件的改变而变化的。飞机的稳定性与操纵性有着密切的关系,要学习飞机的操纵性,就必须先懂得飞机的稳定性。

3.3.1　稳定性概念与条件

1. 稳定力矩与阻尼力矩

为了更好地说明稳定性的概念和分析具备稳定性的条件,首先来研究圆球的稳定问题。如图 3.8 所示的 3 种情况,设圆球原来处于平衡状态,现在给它一个瞬时小扰动,例如推它一下,使其偏离平衡状态,观察在扰动去除后,圆球能否自动回到原来的平衡状态。

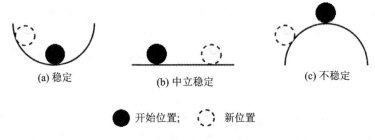

(a) 稳定　　　(b) 中立稳定　　　(c) 不稳定

●开始位置;　○新位置

图 3.8　圆球的 3 种稳定状态

图 3.8(a)所示的圆球在扰动取消后,其在弧形槽中经过若干次来回摆动,最后自动地恢复到原来的平衡位置,这种情况称为稳定;图 3.8(b)所示的圆球在扰动取消后,就停在扰动消失时的位置,既不继续偏离原来的平衡位置,也不自动地恢复到原来的平衡位置,这种情况称为中立稳定;图 3.8(c)所示的圆球在扰动取消后,其沿弧形坡道滚下,离原来的平衡位置越来越远,不能自动地恢复到原来的平衡位置,这种情况称为不稳定。

图 3.8(a)所示的圆球偏离平衡位置后,其重力在平行于弧形曲线切线方向上的分力,对圆球与弧形曲线的接触点产生一个力矩,该力矩使圆球有自动恢复到其原来平衡状态的趋势,这个力矩称为稳定力矩或恢复力矩。同时,圆球在弧形曲线上来回运动的过程中,作用于圆球的空气阻力也对其支持点产生一个力矩,但其方向和圆球运动方向始终相反,起到阻止摆动的作用,这个力矩称为阻转力矩或阻尼力矩。在此力矩作用下,圆球的摆幅越来越小,最后完全消失,圆球停止在原来的平衡位置上,因而是稳定的。图 3.8(b)所示的圆球偏离平衡位置后,其重力与平面的支持力在同一条直线上,对支持点不形成任何力矩,圆球既不继续偏离原来的平衡状态,也不会自动回到原来的平衡状态,因此是中立稳定的。图 3.8(c)所示的圆球偏离平衡位置后,其重力在平行于弧形曲线切线方向上的分力,对圆球与弧形曲线的接触点产生一个力矩,该力矩使圆球继续偏离原来的平衡状态,是不稳定力矩。因此圆球不能自动回到原来的平衡位置上,因而是不稳定的。

由此可知,欲使处于平衡状态的物体具有稳定性,其必要条件是物体在受到扰动后能够产生稳定力矩,使物体有自动恢复到原来平衡状态的趋势;其次是在恢复过程中同时产生阻尼力矩,保证物体最终恢复到原来的平衡状态。显然,为了保证飞行安全和操纵方便,飞机应当具有良好的稳定性。

2. 静稳定性与动稳定性

通常也将稳定性分为静稳定性和动稳定性,飞机的静稳定性和动稳定性之间有着非常密切的关系。一般来说,静稳定是动稳定的前提,飞机只有具备静稳定性,就能保证良好的动稳定性。

静稳定性是指飞机受扰后出现稳定力矩,有自动回到原平衡状态的趋势。静稳定性研究飞机受扰后的最初瞬间响应问题和飞机稳定性的最基本特性。如果飞机受扰动偏离平衡状态后,在最初瞬间产生的是稳定力矩,有自动趋向回到原平衡状态的趋势,那么飞机具有正静稳定性;如果飞机产生的是不稳定力矩,趋向于偏离原来的平衡状态,称飞机具有负静稳定性;如果飞机趋向于维持偏离后的姿态,即不恢复原来的平衡也不进一步偏离平衡,称飞机具有中立静稳定性。静稳定性只表明飞机在外界扰动作用后的最初瞬间有无自动恢复到原来平衡状态的趋势,并不能说明飞机能否最终恢复到原来的平衡状态。研究飞机在外界瞬时扰动作用下,整个扰动运动过程的问题,称为飞机的动稳定性。

动稳定性是指飞机在扰动过程中出现阻尼力矩,具有最终使物体回到原平衡状态的特性。动稳定性是研究飞机受扰运动的时间响应历程问题的。和前面一样,对干扰产生的反应可以被描述成正、负、中立动稳定性。如果飞机受扰动后偏离原平衡状态后,飞机摆动的振幅逐渐减小,最终恢复到原平衡状态,称飞机具有正动稳定性;如果飞机摆动的振幅越来越大,飞机越来越偏离原状态,称飞机具有负动稳定性;如果飞机摆动的振幅既不增大也不减小,称飞机具有中立动稳定性,如图 3.9 所示。

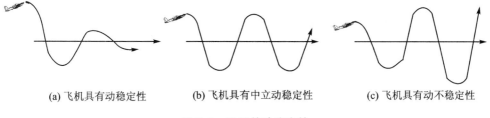

(a) 飞机具有动稳定性　　　　(b) 飞机具有中立动稳定性　　　　(c) 飞机具有动不稳定性

图 3.9　飞机的动稳定性

对飞机来说,其稳定与否,和上述圆球的情况在实质上是类似的。如果在飞行中,飞机由于外界瞬时微小扰动而偏离了平衡状态,这时若在飞机上能够产生稳定力矩,使飞机有自动恢复到原来平衡状态的趋势,同时在飞机摆动过程中,又能产生阻尼力矩,那么飞机就能像图 3.8(a)所示的圆球一样,无须驾驶员的干预就能自动地恢复到原来的平衡状态,因而是稳定的,或者说飞机具有稳定性。反之,若飞机偏离平衡状态后产生的是不稳定力矩,那么飞机就会像图 3.8(c)所示的圆球一样越来越偏离原来的平衡位置,因而是不稳定的,也就是没有稳定性。如果飞机始终保持一定的偏离,既不继续偏离原来的平衡状态,也不会自动回到原来的平衡状态,那么飞机就是中立稳定的。为了保证飞行安全和操纵方便,飞机应当具有良好的稳定性。不稳定或中立稳定的飞机是不适合飞行的,它需要驾驶员不断地注意并操纵飞机,以使它维持原有的飞行姿态,这会使驾驶员十分紧张,飞行也极其危险。所以执行飞行任务的飞机必须具有一定的稳定性,这点对于飞行安全来说是至关重要的。

飞机的稳定性问题属于小扰动问题,可以将飞机的稳定性分为俯仰稳定性、方向稳定性和横侧稳定性。

3.3.2 俯仰稳定性(纵向稳定性)

飞机的俯仰稳定性(纵向稳定性)是指飞机受微小扰动以至迎角变化时(纵向平衡遭到破坏),在扰动消失后,具有自动趋向恢复原迎角的特性。飞机具有方向稳定性,主要是方向稳定力矩和方向阻尼力矩共同作用的结果。

1. 俯仰稳定力矩的产生

飞机的俯仰稳定力矩主要由水平尾翼产生,如图3.10所示。飞机原来以一定的迎角做水平直线飞行,有风吹向机头使飞机抬头,造成迎角增大,则水平尾翼的迎角也跟着增大,则升力增加,会产生向上的附加升力 $\Delta L_{尾}$,这个力对飞机重心产生一个下俯的稳定力矩,使机头往下运动,飞机趋向于恢复原来的迎角;反之,当飞机受到扰动使得迎角减小时,水平尾翼产生向下的附加升力,对飞机重心产生上仰的稳定力矩,使飞机趋向于恢复原来的迎角。

实际上,当迎角变化时,除水平尾翼的迎角变化外,飞机的其他部件如机翼、机身等的迎角也要发生变化,同样也会产生附加升力,这些附加升力的总和就构成了飞机的附加升力 $\Delta L_{全机}$,飞机附加升力的合力作用点称为飞机的焦点,如图3.11所示。换句话说,飞机焦点就是迎角变化而引起的整个飞机升力增量的作用点。低速飞行时,飞机的焦点位置不随迎角的改变而变化,始终保持不变。

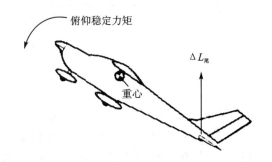

图 3.10 水平尾翼产生的俯仰稳定力矩

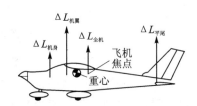

图 3.11 飞机的焦点

引入飞机焦点位置后,飞机的俯仰稳定性问题实际上就变成了研究飞机焦点与飞机重心相对位置的问题。由图3.11可知,若飞机重心位于其焦点之前,飞机产生俯仰稳定力矩。这是因为飞机受扰动使得迎角增大时,升力增量 $\Delta L_{飞机}$ 对重心产生下俯的稳定力矩,使飞机有自动恢复原来迎角的趋势;反之,使得迎角减小时,产生上仰的稳定力矩。

若飞机重心位于其焦点之后,飞机产生俯仰不稳定力矩。这是因为飞机受扰动使得迎角增大时,升力增量对重心产生上仰的不稳定力矩,使飞机迎角继续增大而没有恢复到原来迎角的趋势;反之,

稳定的飞机

不稳定的飞机

使得迎角减小时,产生下俯的不稳定力矩,使迎角继续减小。

飞机重心与焦点重合时,飞机附加升力产生的俯仰力矩为 0,飞机既不自动恢复原来的迎角,也不偏离原来的迎角,这种状态称为中立稳定。

由此可以得出一个重要结论:飞机的重心若位于飞机焦点之前,飞机具有俯仰稳定力矩,即具有俯仰静稳定性;否则,飞机便不具备俯仰静稳定性。对一般飞机来说,飞机焦点之所以位于飞机重心之后,是因为水平尾翼附加升力距离飞机重心的距离远,使飞机焦点大大向后移动。从这里看出,水平尾翼的重要作用之一在于保证飞机具有纵向静稳定性。

2. 飞机俯仰阻尼力矩的产生

飞行中,仅有俯仰稳定力矩还无法保证飞机能够自动恢复到原来的迎角,要使飞机最后恢复到原来的迎角,除有俯仰稳定力矩使飞机有自动恢复到原来迎角的趋势外,还要在飞机俯仰摆动过程中形成阻尼力矩,迫使飞机摆动幅度逐渐减弱直至消失。

俯仰阻尼力矩主要由水平尾翼产生。如飞机绕重心以一定的角速度转动时,重心前后各处获得附加的法向速度 Δv,这些法向速度与飞行速度 v 叠加,改变了飞机各部分的迎角,如图 3.12 所示。

当飞机在摆动过程中抬头时,机头绕重心向上转动,水平尾翼向下转动,重心前各处的迎角变小,产生向下的附加升力;重心后各处的迎角变大,产生向上的附加升力 $\Delta L_{尾}$。这个力对飞机重心产生一个低头力矩,阻止飞机抬头转动,所以这个低头力矩就是俯仰阻尼力矩。由于水平尾翼距离飞机重心远,气动力面积大,产生的阻尼力矩比其他部件产生的阻尼力矩大得多,所以俯仰阻尼力矩主要由水平尾翼产生。

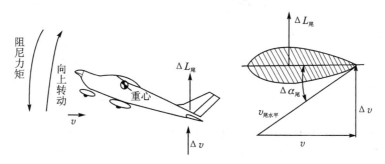

图 3.12　俯仰阻尼力矩的产生

3.3.3　方向稳定性

飞机的方向稳定性指的是飞行中飞机受微小扰动以至方向平衡遭到破坏,在扰动消失后,飞机具有自动趋向恢复原平衡状态的特性。飞机具有方向稳定性,主要是方向稳定力矩和方向阻尼力矩共同作用的结果。

1. 方向稳定力矩的产生

方向平衡遭到破坏后飞机会产生侧滑，方向稳定性主要是在飞机出现侧滑时由垂尾来保证的。侧滑是相对气流与飞机对称面不一致时的飞行状态。飞机产生侧滑时，空气从飞机侧方吹来，相对气流方向与飞机对称面之间的夹角称为侧滑角，用 β 表示。相对气流从飞机左前方吹来发生左侧滑，相对气流从飞机右前方吹来发生右侧滑，如图 3.13 所示。

飞机原来处于方向平衡状态，当飞机受到小扰动使飞机机头向右偏转从而发生左侧滑时，相对气流从左前方吹向飞机，气流与垂直尾翼之间就有了夹角，使垂直尾翼上产生向右的附加侧向力 $\Delta Z_{尾}$。该力对飞机重心产生机头偏向相对气流的左偏力矩，力图消除侧滑，使飞机自动趋向恢复与来流方向一致的状态，这个力矩就是方向稳定力矩，如图 3.14 所示。相反，飞机出现右侧滑时，就产生使飞机向右偏转的方向稳定力矩。由此可见，只要有侧滑，飞机就会产生方向稳定力矩，使飞机自动趋向恢复原方向的平衡状态。垂尾面积越大，方向稳定力矩越大。

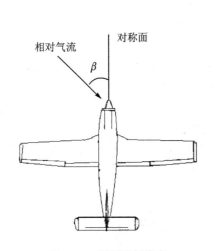

图 3.13　侧滑及侧滑角

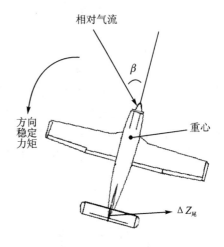

图 3.14　垂直尾翼产生的方向稳定力矩

此外，机翼后掠角、上反角也能使飞机产生方向稳定力矩。

后掠角产生方向稳定力矩的原因是飞机受小扰动发生侧滑时，侧滑一侧机翼的有效分速度大，侧滑另一侧机翼的有效分速度小，侧滑一侧机翼的阻力大于侧滑另一侧机翼的阻力，两翼阻力差对重心产生方向稳定力矩。

上反角产生方向稳定力矩的原因是飞机受小扰动发生侧滑时，侧滑一侧机翼的迎角增大，侧滑另一侧机翼的迎角减小，侧滑一侧机翼的阻力大于侧滑另一侧机翼的阻力，两翼阻力差对重心产生方向稳定力矩。

2. 方向阻尼力矩的产生

方向稳定力矩只能使飞机有自动恢复到原方向平衡的趋势，不能使飞机最终回到原方向平衡。因此飞机还必须在方向摆动过程中产生方向阻尼力矩，才能使方向摆动逐渐减弱，最终消失。

方向阻尼力矩主要由垂直尾翼产生。机头右偏时，垂直尾翼向左运动，产生向右的相对气流速度 Δv，垂直尾翼的实际速度 $v_{尾垂直}$ 从垂直尾翼左前方吹来，在垂直尾翼上形成侧滑角 $\Delta \beta_{尾}$，产生向右的附加侧力 $\Delta Z_{尾}$，对重心产生方向阻尼力矩，阻止机头向右偏转，方向摆动逐渐减弱，如图 3.15 所示。

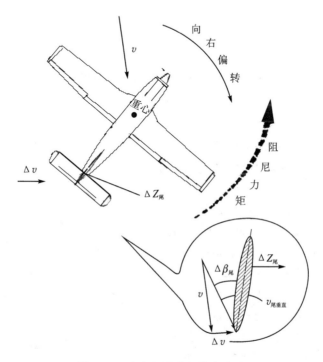

图 3.15　方向阻尼力矩的产生

3.3.4　横侧稳定性

在飞行中，飞机受微小扰动而使横向平衡状态遭到破坏，并在扰动消失后，飞机不经驾驶员操纵就具有自动地恢复到原来横向平衡状态的特性叫作飞机的横侧稳定性。飞机具有横侧稳定性，主要是横侧稳定力矩和横侧阻尼力矩共同作用的结果。

1. 横侧稳定力矩

横侧稳定力矩主要是在侧滑中由机翼的上反角和后掠角来保证的，如图 3.16 和图 3.17 所示。

平飞中飞机受小扰动发生左倾斜，升力也随之倾斜，升力和重力的合力形成向心力，使飞机向左侧方做曲线运动，出现左侧滑。相对气流从飞机左前方吹来，因为上反角的作用，飞机侧滑后吹到机翼上的相对气流与左翼翼弦所形成的迎角增大，升力

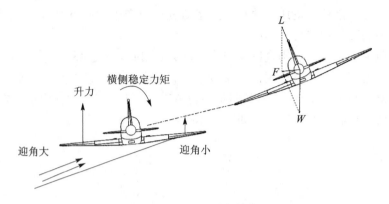

图 3.16　机翼上反角的作用

增大;右翼的迎角减小,升力减小。左右机翼升力之差产生向右的滚转力矩,力图减小或消除倾斜,进而消除侧滑,使飞机有自动恢复到原横侧平衡状态的趋势。这个力矩就是横侧稳定力矩。

　　机翼的后掠角也会产生横侧稳定力矩。当飞机受小扰动向右倾斜而引起右侧滑时,相对气流从飞机右前方吹来,气流速度可分解为与机翼前缘垂直和平行的两个分速度,因为只有垂直于机翼前缘方向的机翼表面是弯曲的,而与机翼前缘平行的方向——机翼表面是平的,所以气流流过机翼表面时,只有垂直于机翼前缘的分速

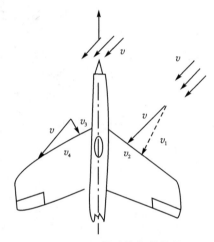

图 3.17　机翼后掠角的作用

度发生变化才会影响机翼表面的压力分布,从而影响升力大小,平行于机翼前缘的分速度变化不影响升力的大小。在侧滑时,右机翼的垂直有效分速度 v_1 比左侧机翼的垂直有效分速度 v_3 大得多,显然,右机翼的升力也就大于左机翼的升力。左右机翼升力之差产生向左的滚转力矩,力图减小或消除倾斜,使飞机具有横侧稳定性,这个力矩就是横侧稳定力矩。

　　后掠角越大,其所起的横向稳定作用越强。如果后掠角很大(如一些超声速大后掠翼战斗机),就可能导致过分的横向静稳定性,会影响飞机的动稳定性和滚转机动性,所以通常采用下反角予以缓解。

　　飞机的垂直尾翼也会产生横侧稳定力矩。飞机出现侧滑时,在垂直尾翼上就会产生侧力,它不但能为航向提供恢复力矩,而且由于垂直尾翼一般都装在机身的上面,垂直尾翼上产生的附加侧力的作用点在飞机重心位置之上,也会对重心形成横侧稳定力矩。

另外,机翼和机身的相对位置也对横侧稳定性有影响,当飞机受到扰动呈现坡度并产生侧滑时,对于上单翼飞机来说,侧滑前翼下表面的气流受到机身的阻挡,流速减慢,压力升高,升力增大,于是形成横侧稳定力矩,使飞机的横侧稳定性增强,如图 3.18 所示。对于下单翼飞机,侧滑前翼上表面,气流受到阻挡,流速减慢,压力升高,升力减小,于是形成横侧不稳定力矩,使飞机的横侧稳定性减弱;对于中单翼飞机来说,侧滑前翼上下表面的气流均受到机身的阻挡,流速均减小,压力均增高,对飞机的稳定性影响不大。

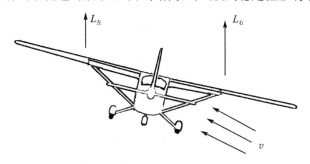

图 3.18　上单翼对横侧稳性的影响

2. 横侧阻尼力矩

横侧阻尼力矩主要由机翼产生。飞机向左滚转,左翼下沉,在左翼上引起向上的相对气流速度 Δv,使左翼向上倾斜,从而使左翼迎角增大,产生正的附加升力;右翼上扬,在右翼上引起向下的相对气流速度 Δv,使右翼向下倾斜,从而使右翼迎角减小,产生负的附加升力,左右机翼升力之差,形成向右的横侧阻尼力矩,阻止飞机向左滚转,滚转幅度逐渐减小以至最终停止滚转,如图 3.19 所示。

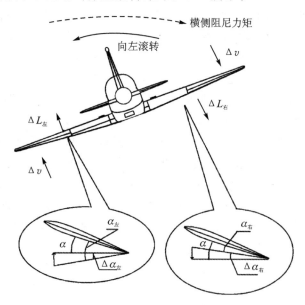

图 3.19　横侧阻尼力矩的产生

由以上可知,飞机在飞行中,只要飞机绕纵轴滚转,左右机翼迎角就有差别,只要迎角不超过临界迎角,就会产生横侧阻尼力矩。

稳定力矩与阻尼力矩是有本质区别的。稳定力矩是当飞机偏离平衡位置后产生的附加气动力引起的,它的大小直接取决于偏离平衡位置的程度,与旋转无关;而阻尼力矩却是在旋转过程中产生的,其大小直接取决于转动角速度的大小,一旦转动停止,阻转力矩也就消失了。

3.3.5 横侧稳定性与方向稳定性的关系

飞机的横向稳定性与方向稳定性是在产生侧滑之后,垂直尾翼、机翼上反角、机翼后掠角等产生恢复力矩时产生的,因此飞机的稳定性与侧滑之间关联紧密且相互影响。

飞机有侧滑时,除产生向侧滑一边偏转的方向稳定力矩之外,同时还要产生向侧滑反方向滚转的横侧稳定力矩。比如,飞机受扰动机头左偏出现右侧滑时,飞机除产生方向稳定力矩使机头右偏外,还要产生横侧稳定力矩,使飞机向左滚转;飞机受扰动向左倾斜时出现左侧滑,除产生横侧稳定力矩使飞机向右滚转外,还要产生方向稳定力矩,使飞机机头向左偏转,消除侧滑。

由此可见,飞机的方向稳定性和横侧稳定性是相互联系、相互耦合的。一般把方向稳定性和横侧稳定性统称为侧向稳定性,它们必须搭配适当,才能使飞机有良好的侧向稳定性;如若匹配不当,飞机将不具备侧向稳定性,有可能出现"螺旋不稳定"或"荷兰滚"现象。

荷兰滚

如果飞机的横侧稳定性过强而方向稳定性过弱,飞机在飞行中受到小扰动出现侧滑时易产生明显的飘摆现象,这种现象称为"荷兰滚"。比如,飞机在平飞中受小扰动左倾斜时,飞机会沿着升力和重力合力的方向产生左侧滑,如果飞机产生右滚的横侧稳定力矩过大,即横侧稳定性过强,飞机就会迅速改平左坡度;如果产生迫使机头左偏的方向稳定力矩过小,即方向稳定性过小,飞机就不能立即消除左侧滑。飞机坡度改平时,左侧滑还未完全消除,飞机会继续向右滚转,又形成右倾斜,进而产生右侧滑。由于同样原因,飞机又会出现左倾斜。于是,飞机左右往复摆头,形成飘摆。

较大的上反角、后掠角,加上上单翼构型和相对较小的垂直尾翼的时候,飞机易形成飘摆现象,飞机会持续地发生来回的滚动和偏航,且滚转和偏航不同步。大型运输机在高空和低速飞行时由于稳定性发生变化易发生飘摆,因此广泛使用偏航阻尼器以解决该问题。偏航阻尼器安装在方向舵操纵系统中,它根据飞机姿态的变化操纵方向舵,防止产生飘摆。

如果飞机的横侧稳定性过弱而方向稳定性过强,在受扰产生倾斜和侧滑后,易产生缓慢的螺旋下降。比如,飞机在平飞中受小扰动左倾斜时,飞机会沿着升力和重力合力的方向产生左侧滑,如果机头左偏的方向稳定力矩过强,飞机就会很快转回与相对气流方向一致的姿态,如果飞机右滚的横侧稳定力矩过小,飞机坡度就不能立即改平,飞机左侧滑消除时,飞机坡度还没有改平,飞机机头会继续向左偏转。飞机向左偏转时,外侧(右翼)前进速度比内侧(左翼)大,外侧的升力也比左翼大,有使飞机向左滚转的趋势。这样升力的垂直分量就会减小,当飞机向相对气流方向摆动时,机头开始下降,如此下去,飞机就会自动缓慢地进入向左的螺旋下降。飞机的这种不稳定性称为螺旋不稳定性。

可见,如果飞机的方向稳定性和横侧稳定性配合不好,飞机的侧向稳定性是不好的。因此,不同类型和用途的飞机,方向稳定性和横向稳定性之间需要有一定的比例关系,过大或过小都不利于飞机性能的充分发挥。

3.3.6 影响飞机稳定性的因素

飞机的稳定性取决于飞机的重心位置、飞行速度、飞行高度及迎角变化等因素,其主要通过摆动衰减时间、摆动幅度、摆动次数来衡量。飞机受到扰动后,摆动幅度越小,摆动次数越少,恢复平衡时间越短,则稳定性越强。

1. 重心位置对飞机稳定性的影响

飞机的纵向稳定性主要取决于飞机重心和焦点的位置,飞机重心位置越靠前,重心到飞机焦点的距离越远,飞机受扰动后,所产生的俯仰稳定力矩越大,飞机的俯仰稳定性越强。但是重心越靠前,飞机的配平阻力越大,为维持飞机的平衡,要求机翼产生更大的升力。重心位置越靠后,所产生的稳定力矩越小,即稳定性越差,甚至有可能变为不稳定。

重心位置越靠前,飞机的方向稳定性越强,但增强得不明显。因为重心到垂尾侧力作用点的距离比重心到飞机焦点的距离大得多,所以重心位置移动对方向稳定性影响较小。

重心位置前后移动不影响横侧稳定性,因为重心位置前后移动不影响飞机滚转力矩的大小。

如果飞机重心逐渐向后移动,将削弱飞机的纵向稳定性,甚至使纵向稳定变为不稳定。所以在配置飞机时,应当注意妥善安排各项载重的位置,不使飞机重心后移过多,以保证重心在所要求的范围内。

2. 速度变化对飞机稳定性的影响

飞机摆动衰减时间的长短主要取决于飞机阻尼力矩的大小,阻尼力矩越大,摆动消失得越快,飞机恢复原平衡状态越迅速。在同一高度上,飞机所产生的阻尼力矩与速度的一次方成正比,速度越大,阻尼力矩越大,以此迫使飞机摆动迅速消失,因而飞机稳定性增强。反之,速度越小,稳定性越弱。

3. 高度变化对飞机稳定性的影响

高度升高,空气密度变小,飞机的阻尼力矩减小,飞机摆动的衰减时间增长,稳定性减弱。

4. 大迎角飞行对飞机稳定性的影响

以接近临界迎角的大迎角飞行时,因飞机的横侧阻尼力矩的方向可能发生变化,所以,飞机可能失去横侧稳定性。

比如,飞机受扰动向右倾斜时,右翼下沉,迎角增大;左翼上扬,迎角减小。大迎角飞行时,右翼的迎角增大可能超过临界迎角,这样迎角大的右翼升力反而会减小,小于左翼,两翼升力之差产生的横侧阻尼力矩就改变了方向,不仅不能阻止飞机滚转,反而会使滚转加剧,从而失去横侧稳定性。

飞机的稳定性是飞机本身应具有的一种特性。飞机具有稳定性,表明飞机在平衡飞行状态具有抗外界干扰的能力,但是飞机的稳定性是相对的、有条件的。对于同一机型,飞行速度、飞行高度、飞机迎角、重心位置等飞行条件发生了变化,飞机的稳定性也随之发生变化。例如,小速度飞行,稳定性较差;以接近临界迎角的大迎角飞行时,飞机可能会失去横侧稳定性;当飞机重心移到焦点之后时,飞机也会失去俯仰稳定性。在有些情况下,飞机受扰动偏离原平衡状态时,飞机只能自动恢复原来的力和力矩平衡,而不能自动恢复到原来的飞行状态。例如,在平飞中,飞机受扰动发生倾斜和侧滑时,在升力和重力的作用下,飞机向侧下方运动,具有侧向稳定性,此时虽能自动消除倾斜和侧滑,迫使飞机恢复到原来的平衡状态,但却不能恢复到原来的飞行状态,因为飞机的高度和方向都改变了。而且,飞机受扰动作用越强,或者扰动作用的时间越长,飞机越偏离平衡状态,飞行状态改变越明显。因此,为了保证飞机的稳定飞行,绝不能单纯依靠飞机自身的稳定性,飞行员也必须积极实施操纵,及时修正。

3.4 飞机的操纵性

飞机不仅应有自动保持其原有平衡状态的稳定性,还要求具有良好的操纵性。所谓飞机的操纵性,是指飞机具有对驾驶员操纵做出反应、改变其飞行状态的特性,也就是飞机按照驾驶员的意图做各种动作的能力。飞机在空中的操纵是通过三个操纵面——升降舵、方向舵和副翼来进行的。转动这三个操纵面,在气流的作用下就会对飞机产生操纵力矩,使之绕横轴、立轴和纵轴转动,以改变飞行姿态。

如果飞机在飞行时,不需要飞行员做复杂的操纵动作,并且飞机的反应也不过分灵敏或者过分迟钝,那么就认为该飞机具有良好的操纵性。飞机除了能做稳定的飞行外还应具有良好的操纵性。实际上,如果飞机不稳定,虽然飞行很困难,但是还能勉强飞行,但如果飞机不能操纵,则根本不能飞行。

应当指出的是,飞机的稳定性是飞机本身的一种特性,它与飞机的操纵性有密切的关系,二者需要协调统一。很稳定的飞机,操纵往往不灵敏;操纵很灵敏的飞机,则往往不太稳定。稳定性与操纵性应综合考虑,以获得最佳的飞机性能。

研究飞机的操纵性是要研究飞机飞行状态的改变与杆舵行程(升降舵偏角)和杆

舵力大小之间的基本关系、飞机反应快慢及影响因素等。各个操纵面控制飞机的原理都是一样的,即通过操纵面的偏转改变升力面上的空气动力,增加或减少的空气动力相对于飞机重心产生一个使飞机按需要改变飞行姿态的附加力矩。同稳定性一样,按运动方向的不同,飞机的操纵性可分为俯仰操纵性、方向操纵性和横侧操纵性。

3.4.1　飞机的俯仰操纵性

飞机的俯仰操纵性是指飞行员操纵驾驶盘偏转升降舵后,飞机绕横轴转动而改变其迎角等飞行状态的特性。

1. 直线飞行中改变迎角的基本原理

飞机的俯仰操纵,依靠位于机身尾部的、装在水平安定面后缘的升降舵来进行。飞行员向后拉驾驶杆,升降舵便向上偏转,在水平尾翼上产生向下的附加升力 $\Delta L_\text{尾}$,该力对飞机重心产生使飞机抬头的操纵力矩,使飞机绕横轴转动并抬头,迎角增大。由于迎角增大,引起飞机产生向上的附加升力 $\Delta L_\text{飞机}$,其作用点是飞机焦点。具有稳定性的飞机,焦点在重心后面。因此,飞机的附加升力 $\Delta L_\text{飞机}$ 对重心产生俯仰稳定力矩,其方向与操纵力矩方向相反,如图 3.20 所示。迎角越大,飞机附加升力所形成的俯仰稳定力矩也越大,当迎角增大到一定程度时,稳定力矩与操纵力矩相等,飞机俯仰力矩重新达到平衡,飞机停止转动,并保持这个迎角飞行。此时,俯仰力矩的平衡关系为

$$俯仰操纵力矩\ M_{Z操} = 俯仰稳定力矩\ M_{Z稳}$$

反之,向前推驾驶杆,则升降舵向下偏转,机头下俯。

如果飞行员再向后拉一点杆,上仰操纵力矩就会增大一些,迎角就会再增大一些,下俯的稳定力矩也相应增大一些,直到上仰操纵力矩同下俯稳定力矩重新达到平衡时,飞机停止转动,飞机就会保持更大的迎角飞行。相反,飞行员向前推一点杆,飞机就会保持更小的迎角飞行。

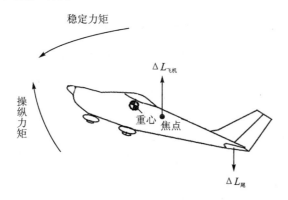

图 3.20　升降舵偏转后俯仰力矩的平衡

由此可见,在直线飞行中,拉杆前后的每一个位置(或升降舵偏转角)对应着一个

迎角,驾驶杆位置越靠后,升降舵上偏角越大,对应的迎角也越大。反之,驾驶盘位置越靠前,升降舵下偏角越大,对应的迎角也越小。

直线飞行中,飞机的升力与重力有一定的关系,比如平飞,飞机的升力与重力必须相等。用不同的速度平飞,就需要用不同的迎角才能保持升力不变,使升力始终等于重力,也就是说,一个平飞速度对应一个迎角。

综上所述,在直线飞行中,驾驶盘前后的每一个位置都对应一个迎角或飞行速度。

2. 驾驶杆力

（1）驾驶杆力的产生

如图 3.21 所示,当飞行员向前推杆,升降舵向下偏转角度 δ 时,舵面上产生一个向上的附加空气动力 $\Delta L_{舵}$,这个附加力对升降舵的转轴形成一个力矩,通常称为铰链力矩,也称为枢轴力矩,用 $M_{枢轴}$ 表示。这个力矩迫使升降舵和驾驶杆回到中立位置,为了保持舵面的偏角 δ 不变,即保持驾驶杆位置不变,驾驶员必须对驾驶杆作用一定的力来推杆,以平衡铰链力矩的作用,这个施加在杆上的力通常称为驾驶杆力,简称杆力。

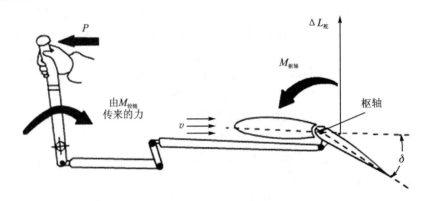

图 3.21　升降舵枢轴力矩引起的杆力

飞行中,升降舵偏转角越大,气流动压越大,升降舵上的空气动力也越大,从而铰链力矩也就越大,所需杆力也越大。

杆力的大小随速度的变化规律是衡量和评定操纵性好坏的一个重要指标。平飞中,升降舵偏角与速度有一定的关系,而保持一定的升降舵偏角必须对杆施加一定的力,因此,杆力和速度之间也必然存在一定的关系。小速度飞行时,升降舵需要向上偏转,故飞行员施加于驾驶盘上的是拉杆力,速度逐渐增大,升降舵逐渐由上偏转为下偏,杆力由拉杆力慢慢转变为推杆力,速度越大,推杆力越大。

杆力是否适当,是驾驶员掌握操纵分量的重要依据。杆力不能太小,也不能太大。

（2）调整片的作用

在飞行中，升降舵有时总要有一定的偏角，因而飞行员对驾驶杆始终要保持一定的杆力，在长途飞行中，这样做不仅会分散驾驶员的精力，而且容易使驾驶员疲劳。为了改变这种情况，通常在升降舵后缘铰接一个可操纵小翼面，称为调整片。使用调整片可以减小或消除杆力。

例如，当升降舵向下偏转一个角度时，飞行员必须对驾驶盘施加一个推杆力。在这种情况下，飞行员可操纵调整片向上偏转一个角度，于是在调整片上产生向下的空气动力 $L_片$。该力对升降舵转动轴形成的铰链力矩 $M_片$，与升降舵上的气动力形成的铰链力矩 $M_舵$ 方向相反，帮助升降舵向下偏转，抵消了一部分升降舵上的铰链力矩，因而减小了杆力，如图 3.22 所示。当调整片偏转到一定角度，二者大小亦相等时，则总的铰链力矩等于 0，因此杆力亦等于 0，这样驾驶员便可以松开驾驶杆进行飞行。

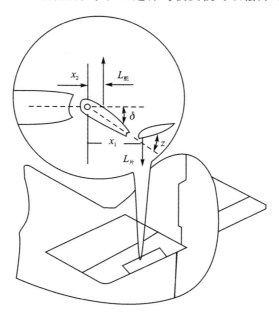

图 3.22　升降舵调整片的作用

若飞行员先操纵升降舵调整片向上偏转一个角度，调整片产生的铰链力矩就会带动升降舵向下偏转。当升降舵产生的铰链力矩和调整片产生的铰链力矩平衡时，升降舵就自动保持某一偏角不变。这同飞行员前推驾驶杆的作用一样，也能保持飞机的平衡，这就是使用调整片偏转升降舵保持飞机平衡的原理。

对于大型高速飞机，由于飞行速度大，舵面面积也大，铰链力矩变得很大，因而杆舵力很大，人力操纵难以胜任，所以一般都用以液压或电力助力操纵系统操纵飞机。飞行员操纵助力器，通过助力器带动舵的偏转，而杆力完全来自杆力模拟机构，与舵面空气动力无关。显然在小型低速飞机上用调整片减轻或消除杆力的办法是不适用于这种飞机的，这种飞机是通过操纵一套专门的配平装置，来减轻和消除杆力的。

3.4.2 飞机的方向操纵性(飞机无滚转)

飞机的方向操纵性是指飞行员用脚蹬操纵方向舵以后,飞机绕立轴偏转而改变其侧滑角等飞行状态的特性。偏转方向舵改变侧滑角的原理同偏转升降舵改变迎角的原理基本上是一样的。

偏航运动靠
方向舵控制

方向操纵性主要是通过位于机身尾部的、装在垂直安定面后缘的方向舵实现的。飞机做没有侧滑的直线飞行时,飞行员蹬右脚蹬,方向舵向右偏转一个角度,在垂直尾翼上产生向左的附加侧力 $\Delta Z_{尾}$。该力对飞机重心形成使机头向右偏转的方向操纵力矩,使飞机绕立轴向右偏转,在向右偏转过程中产生左侧滑,于是在机身、垂直尾翼上产生向右的侧力 $\Delta Z_{飞机}$,对飞机重心产生方向稳定力矩,其方向同操纵力矩方向相反,力图阻止侧滑角的增大。开始时由于右偏的方向操纵力矩大于左偏的方向稳定力矩,侧滑角继续增大,侧滑角越大,飞机侧力所产生的方向稳定力矩也越大;当侧滑角增大到一定程度时,稳定力矩与操纵力矩相等,飞机方向力矩重新达到平衡,飞机停止转动,并保持这个侧滑角飞行,如图 3.23 所示。此时,方向力矩的平衡关系为

$$方向操纵力矩 M_{Y操} = 方向稳定力矩 M_{Y稳}$$

相反,蹬左脚蹬,飞机产生向左的偏航力矩,使机头向左偏转。

与俯仰相似,在直线飞行中,每一个脚蹬位置对应一个侧滑角。蹬右舵,飞机产生左侧滑;蹬左舵,飞机产生右侧滑。方向舵偏转后,同样产生方向舵枢轴力矩,飞行员需要用力蹬舵才能保持方向舵偏转角不变。方向舵偏转角越大,气动动压越大,蹬舵力越大。同样,方向舵上一般也要安装调整片。

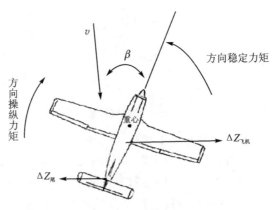

图 3.23 方向舵偏转后方向力矩平衡

3.4.3 飞机的横侧操纵性(飞机无侧滑)

飞机的横侧操纵性是指飞行员操纵副翼以后,飞机绕纵轴转动

滚转靠
副翼控制

而改变其滚转角速度、坡度等飞行状态的特性。

　　横向操纵主要通过副翼来实现。飞行中,飞行员向左压驾驶杆,左副翼向上偏转一个角度,右副翼向下偏转一个角度,这样右机翼的翼型中弧线弯度变大,因而升力增大;左机翼翼型中弧线弯度变小,因而升力减小。左右机翼升力之差对飞机重心产生横侧操纵力矩,使飞机绕纵轴向左滚转。飞机左滚,因有滚转角速度而产生横侧阻尼力矩,制止飞机左滚。开始时,横侧操纵力矩大于横侧阻尼力矩,滚转角速度是逐渐增大的;随着滚转角速度的增大,横侧阻尼力矩也逐渐增大。加速滚转中,因为飞机没有侧滑,就不会产生横侧稳定力矩,所以滚转角速度的变化只取决于横侧操纵力矩和横侧阻尼力矩。当横侧阻尼力矩增大到与横侧操纵力矩相等时,飞机保持此时的角速度滚转,如图 3.24 所示,此时力矩平衡关系为

$$横侧操纵力矩 M_{Z操} = 横侧阻尼力矩 M_{Z稳}$$

　　飞行员再向左压一点杆,增加一点左滚的操纵力矩,左滚角速度又会增大一点,横侧阻尼力矩也会随之增大一点。当横侧操纵力矩同横侧阻尼力矩再次达到平衡时,飞机保持在大一点的角速度下做稳定滚转。同理,向右压杆时,情况完全相反,飞机向右滚转。

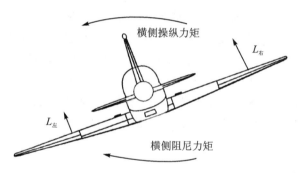

图 3.24　飞机的横侧操纵

　　可见,在横侧操纵中,驾驶盘左右转动的每一个位置都对应一个滚转角速度。驾驶盘左右转动的角度越大,副翼偏角越大,滚转角速度越大。

　　由以上分析可知,对俯仰操纵而言,前后推拉驾驶杆,对应一个迎角;对方向操纵而言,左右蹬舵,对应一个侧滑角;对横侧操纵而言,左右压盘,对应的却是一个稳定的滚转角速度,而不是一个坡度。这种特殊的差别是因为在俯仰和方向操纵中,操纵力矩是由稳定力矩来平衡的;而在无侧滑的滚转中,不存在稳定力矩,操纵力矩是由阻尼力矩来平衡的。由于用来平衡操纵力矩的力矩不同,就构成了横侧操纵同俯仰操纵和方向操纵之间的本质差别。

　　飞行员在做盘旋和转弯时,如果要想保持一定的坡度,就必须在接近预定坡度时使驾驶盘回到中立位置,消除横侧操纵力矩,在横侧阻尼力矩的阻止下,使滚转角速度消失。有时,飞行员甚至可以向飞机滚转的反方向压一点驾驶盘,迅速制止飞机滚转,使飞机准确地达到预定飞行坡度。

3.4.4　横侧操纵性与方向操纵性的关系

飞机的方向操纵性和横侧操纵性与方向稳定性和横侧稳定性一样，也是相互联系和相互影响的，即它们是相互耦合的。飞机的方向操纵和横侧操纵常常统称为侧向操纵。

分析飞机的方向操纵时，假设飞机是无滚转的；而在分析飞机的横侧操纵性时，假设飞机是无侧滑的，目的是方便分析问题。然而在实际飞行中，侧滑和滚转常常是同时出现的。

例如，飞行员蹬左舵时，机头向左偏转，产生右侧滑。由于机翼上反角和后掠角的作用，右翼的迎角和升力比左翼的大，形成横侧稳定力矩，飞机就会向左滚转，使飞机带左坡度。又如飞行员向左压杆时，飞机向左滚转，带左坡度，在倾斜的升力与飞机重力的合力的作用下飞机产生左侧滑，使得相对气流从飞机左前方吹来，使垂直尾翼产生向右的空气动力，对重心形成使飞机向左偏转的左偏力矩，因而机头向左偏转。

可见，只蹬舵，飞机不仅绕立轴偏转，同时还会绕纵轴滚转；只压盘，飞机不仅绕纵轴滚转，同时还会绕立轴偏转。也就是说，无论蹬舵或压盘，都能造成飞机的偏转和滚转，知道这种关系很有用处。例如，大迎角飞行时，飞机的横侧操纵性变差，这时可用蹬舵来改变或修正飞机的坡度。又如，在飞行中，如果方向舵或副翼中的任意一个失去效用时，仍然可以操纵飞机转弯。

由于飞机的横侧操纵性和方向操纵性互相影响，通常飞行员在改变飞行方向或改变飞机坡度时，采用既压杆同时又蹬舵的协调一致的操纵动作来完成，以达到见效快又不侧滑的良好操纵效果。

3.4.5　影响飞机操纵性的因素

飞机的操纵性不是一成不变的，它受到许多因素的制约。影响飞机操纵性的因素有飞机重心位置的前后移动、飞行的速度、飞行高度、迎角等。

1. 飞机重心位置前后移动对操纵性的影响和重心的前后极限位置

重心位置的前后移动会引起平飞中升降舵偏转角和杆力发生变化。重心前移，俯仰稳定性增强，导致飞机杆位移和杆力增大，俯仰操纵性变差；重心后移，导致杆位移小，杆力减小，操纵性变好，俯仰稳定性变差。为了保证飞机有足够的稳定性和良好的操纵性，必须对飞机重心的变化范围加以限制。飞机重心的变化范围用重心前限和重心后限来确定。

重心前限是指允许飞机重心最靠前的位置。重心前移，重心到焦点的距离增加，俯仰稳定力矩增大，俯仰稳定性增强，使改变飞机原来飞行状态所需的操纵力矩增大，从而导致操纵飞机所需的舵偏角和驾驶杆力增大，飞机反应过于迟钝，操纵性变差。对于直线飞行，每一个舵偏角对应一个迎角，如果飞机重心过于靠前，增大同样的迎角,机翼产生的低头力矩过大,所要求的舵面偏转角增大,有可能超出设计的允许值。因此,从飞机俯仰平衡和俯仰操纵性能的要求对飞机重心最靠前的位置进行了限制。

对于小型低速飞机重心前限是这样规定的:

① 着陆时,飞机拉成接地迎角,升降舵偏角不超过最大偏角的 90%;

② 前三点飞机,起飞时升降舵偏角应保证在规定的速度下能抬起前轮;

③ 着陆进场时,杆力不超过规定值。

为什么重心前限要根据这些条件来限制呢? 因为接地时,靠近地面且速度小,飞机迎角较大,本身需要升降舵上偏角大,拉杆力大;再者,飞机接近地面飞行时,由于地面效应的影响,水平尾翼区域气流下洗角减小,使水平尾翼的负迎角减小,引起水平尾翼的上仰力矩减小或下俯力矩增大。要保持同样的迎角,同远离地面相比,也需要增大升降舵上偏角,也就是说,着陆接地"拉"到接地迎角状态时,所需升降舵上偏角最大。

重心后限是指飞机重心最靠后的位置。飞机重心位置后移,飞机俯仰稳定性变差。由于飞机所产生的俯仰稳定力矩很小,使改变原飞行状态所需的俯仰操纵力矩减小,所需要的舵偏角和驾驶杆力减小。飞行员稍微移动驾驶杆,飞机的迎角和升力就会变化很多,飞机对操纵的反应过于灵敏,驾驶员不易掌握操纵分寸,难以对飞机进行精确的操纵。一旦重心后移到飞机焦点之后,飞机会失去俯仰稳定性,飞机将呈现动不稳定性。为保证飞机具有一定的俯仰稳定性和操纵灵敏度,对飞机重心最靠后的位置进行了限制。重心后限应在飞机焦点之前,留有一定安全余量。

综上所述,为了保证飞机具有合适的稳定性和操纵性,飞机重心位置不应超过前限和后限,而应在前后限规定的范围内。

但是如果重心比规定范围内靠前或靠后时,会使平飞所需升降舵偏转角过大而过于偏离中立位置,飞机废阻力增大,影响飞行性能;此外,在改变飞行速度时,还会使飞行员感到杆力过大或过小,操纵性变差。因此,为提高飞行性能和操纵性,飞机除了规定重心位置前限和后限外,还规定了飞机的有利重心范围。例如,某飞机重心位置前后限分别是 16% 和 32% 的平均空气动力弦,飞机的有利重心范围是 25% ~ 28% 的平均空气动力弦。为使飞机重心位置能在规定范围内,飞机装载、燃油消耗顺序、空投次序均应严格按规定执行。

飞机重心位置的左右移动也有严格的限制以保证飞机的横侧操纵性。例如,飞机重心位置偏左,相当于增加了一个向左的滚转力矩,要保持横侧平衡,飞行员要经常向右压盘。这样不仅增大了飞行员的工作负荷,而且使驾驶盘向右活动的行程减小,限制了右滚转的能力。因此,飞机重心左右的移动范围,同样有严格的限制。

2. 飞行速度对飞机操纵性的影响

在俯仰和方向操纵性方面,以杆、舵行程相同作比较。在飞行速度比较大的情况下,同样大的舵偏角产生的操纵力矩大,角速度自然也大。因此,飞机达到与此舵偏角相对应的平衡迎角或侧滑角所需的时间就比较短。在横侧操纵性方面，如果压盘行程（副翼转角）相同，则飞行速度大，横侧操纵力矩大，角速度也大。于是，飞机达到相同坡度的时间短。总之，飞行速度大，飞机反应快，操纵性好；飞行速度小，飞机反应慢，操纵性差。

3. 飞行高度对操纵性的影响

如果在不同的高度，保持同一真速平飞，因高度升高，动压减小，各平飞真速所对应的迎角普遍增大。与低空相比，高空飞行驾驶盘位置要靠后些，升降舵上偏角要大些。飞行员为保持杆、舵在一定位置所需的力量减轻。另外，若保持同一真速在不同高度飞行，高度升高，空气密度降低，舵面偏转同样角度，高空产生的操纵力矩小，角加速度随之减小，飞机达到对应的迎角、侧滑角或坡度所需的时间变长，也就是说飞机反应慢。归纳起来，高空飞行有杆和舵变轻、反应迟缓的现象。

4. 迎角对横侧操纵性的影响

迎角增大，特别是在大迎角时横侧操纵性变差，甚至出现横侧反操纵现象。例如，飞行员向右压盘，飞机向右滚转，产生右侧滑，出现横侧稳定力矩，力图阻止右滚。同时因为左副翼下偏，右副翼上偏，左翼阻力大于右翼阻力而进一步加强右侧滑，从而加大使飞机左滚的横侧稳定力矩，进一步制止飞机向右滚转，从而削弱副翼作用。小迎角时，两翼阻力之差很小，造成的侧滑角也很小，所以横侧操纵性较好。大迎角或接近临界迎角时，两翼阻力之差很大，侧滑作用强烈，产生制止飞机向右滚转的力矩很大，故横侧操纵性显著变差。当稳定力矩大于操纵力矩时，会出现向右压盘，飞机左滚的现象，即副翼反操纵。

为了改善横侧操纵性，消除大迎角下的横侧反操纵现象，现在飞机上都使用差角副翼、阻力副翼、开缝副翼等。在大迎角小速度飞行时，飞行员可利用方向舵来帮助副翼操纵。例如，修正飞机的左坡度，可以在向右压盘的同时蹬右舵来修正。

操纵性的好坏与飞机稳定性的大小有密切关系，稳定性太大，也就是说飞机保持原有平衡状态的能力越强，则要改变它也就越不容易，操纵起来也就越费劲。若稳定性过小，则操纵力也很小，驾驶员很难掌握操纵的分量，也是不理想的。飞机的稳定性和操纵性必须是驾驶员认为满意的，即在稳定飞行时，驾驶员不必干预而飞机靠自身能力能保持驾驶员所希望的稳定平衡状态；要飞机改变状态时，驾驶员通过驾驶杆和脚蹬，不用花费很大力气，就可以达到所期望的飞行状态。各操纵面所需的操纵力既不能太重，也不能太轻，总之，飞机的稳定性和操纵性的安排原则是要使大多数驾驶员满意。为达到此目的，在航空科学技术领域领先的国家已进行了大量的飞行试验，并且还在不断进行新飞机的地面模拟和空中模拟试验及理论分析，积累了大量的资料和数据，总结出了一套完整的设计要求，称为"飞机飞行品质规范"，作为飞机稳定性和操纵性的设计依据。我国也已编制了自己的飞机飞行品质规范，以供自行设计飞机时参考。

思 考 题

3-1　解释下列术语

①静稳定性；②动稳定性；③焦点；④侧滑；⑤平均空气动力弦；

⑥稳定力矩；⑦阻尼力矩。

3-2　说明常规布局飞机达到俯仰平衡的基本原理。

3-3　利用焦点与重心的位置关系说明飞机达到俯仰静稳定性的原理。

3-4　简述机翼上反角、后掠角产生横侧稳定性的原理。

3-5　产生飞机俯仰力矩的部件有哪些？

3-6　飘摆是什么原因造成的？

3-7　说明直线飞行中升降舵偏角与迎角、速度的关系。

3-8　在直线飞行中，为什么一个方向舵的位置对应一个侧滑角？

3-9　在无侧滑的滚转中，为什么一个副翼偏角对应一个稳定滚转角速度？

3-10　飞机的方向操纵与横侧操纵有什么关系？

3-11　调整片的作用及原理是什么？

3-12　为什么要限制飞机重心位置？

3-13　简述驾驶杆力的产生原理。

3-14　重心前后变动对飞机俯仰稳定性和操纵性有什么影响？

第4章 平飞 上升 下降

飞机的飞行性能是指飞机飞行的能力,即飞机能飞多快、多慢、多远、多高以及飞机做一些机动飞行(如盘旋)和起飞着陆的能力。飞机的飞行性能是衡量一架飞机的重要指标,主要有速度性能、高度性能、起飞着陆性能等。

飞机的平飞、上升和下降指的是飞机既不倾斜也不侧滑的等速直线飞行,这也是飞机最基本的飞行状态。飞机平飞、上升和下降性能是飞机最基本的飞行性能,其中速度性能包括平飞最大速度、平飞最小速度、巡航速度等;高度性能包括最大上升角、最大上升率、升限等;下降性能包括最小下降角、最大下降距离等。这些都是飞行员首先要学习和掌握的。

本章从飞机处于不同的飞行状态所受的作用力出发,用图解的方法分析飞机平飞、上升、下降的飞行性能,讨论飞行条件对这些性能的影响。介绍平飞、上升、下降这3种飞行状态的基本操纵原理,同时还给出相关的飞行性能图表。

4.1 真速与表速

所谓真空速就是飞机相对于空气的真实速度,简称为真速,用 v_{TAS} 表示。真速和表速相对应。表速是飞机仪表显示的飞机相对于空气的速度,也是空速表上显示的速度,是用空速管(或称皮托管)测出的,用 v_{IAS} 表示。表速和真速的数值是不同的,主要原因是空速表刻度是按海平面标准大气的密度制定的,空速表指针是根据空速管所感受到的动压转动的,动压不变则指示空速不变。飞机空速管并不能测出飞机的飞行速度。

在同样的飞行重量下,在任何高度,只要迎角相同,飞机直线飞行的指示空速就相同。在海平面标准大气条件下,如果空速表的指示没有误差,表速和真速是相等的。但高度增高时,空气密度随着高度升高在减小,所以表速(仪表显示的速度)就和真速不一致,比真速要小。高度越高,差别越大。飞机低空飞行时,由于空气密度较大,常用表速来对速度进行限制。

在任何高度上,保持动压不变或者表速不变,则有

$$\frac{1}{2}\rho_H v_{TAS}^2 = \frac{1}{2}\rho_0 v_{IAS}^2$$

$$v_{TAS} = \sqrt{\frac{\rho_0}{\rho_H}} v_{IAS} \tag{4-1}$$

式中,ρ_0 为标准海平面上的空气密度;ρ_H 为一定高度上的空气密度。

领航计算中需要用真速,飞行操纵则需要知道表速,以便判断飞行姿态(迎角)。在同样重量下,任何高度上,只要迎角相同,飞机表速就相同(动压不变)。表速大时,迎角小;表速小时,迎角大。这对保证飞行安全有重要意义。因此,通常用表速来规定飞行速度的大小。

4.2 平 飞

飞机做等高、等速的水平直线飞行叫平飞。平飞是运输机的一种主要飞行状态。

4.2.1 飞机平飞时的作用力

平飞中作用于飞机的外力有升力 L、重力 W、拉力(或推力)P 和阻力 D。平飞时,飞机无转动,各力对重心的力矩相互平衡,且上述各力均通过飞机重心,如图 4.1 所示。飞机为了保持平飞,升力等于重力,发动机拉力等于飞机阻力,即飞机的阻力确定了维持稳定的水平飞行需要的拉力。

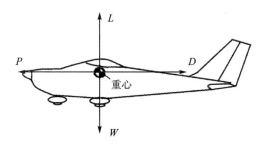

图 4.1 飞机平飞时的作用力

从图 4.1 可以看出,在水平等速直线飞行中,飞机受力的平衡式为

$$\begin{cases} L = W \\ P = D \end{cases} \qquad\qquad (4-2)$$

式(4-2)为平飞运动方程或平飞条件,这些条件是飞机平飞必须满足的。如果其中任何一个不满足,都会使飞机的运动轨迹向上或向下弯曲,使飞机高度和速度发生变化,飞机也就不能平飞。例如,飞机的升力大于重力,飞行轨迹就会向上弯曲,在重力的作用下,飞机的飞行速度会减小。又例如,飞机的拉力大于飞机的阻力,飞行速度就会增大,升力也会增大,飞行轨迹会向上弯曲,在重力的作用下,飞机的飞行速度又会减小。如果拉力大于阻力,则剩余拉力迫使飞机加速;如果阻力大于拉力,则多余的阻力将迫使飞机减速。

4.2.2 平飞所需速度

为保持平飞,需要有足够的升力以平衡飞机的重量,为了产生这一升力所需的飞行速度,即平飞所需速度,以 $v_{平飞}$ 表示。

由平飞等高条件 $L = W$ 及升力公式 $L = C_L \cdot \dfrac{1}{2} \rho v_{平飞}^2 \cdot S$，可以得到

$$v_{平飞} = \sqrt{\dfrac{2W}{C_L \cdot \rho \cdot S}} \qquad (4-3)$$

从式(4-3)可看出,影响平飞所需速度的因素主要有飞机重量、机翼面积、空气密度和升力系数。

① 飞机重量　在其他因素都不变的条件下,飞机重量越大,为保持平飞所需的升力就越大,故平飞所需速度也越大;飞机重量越小,平飞所需速度就越小。

② 机翼面积　机翼面积大,升力也大,为了获得同样大的升力以平衡飞机重量,平飞所需速度就小;机翼面积小,平飞所需速度就大。

③ 空气密度　空气密度小,升力也小,为了获得同样大的升力以平衡飞机重量,平飞所需速度就大;空气密度大,平飞所需速度就小。空气密度的大小是随飞行高度以及该高度下的气温气压而变化的,飞行高度升高,或在同一高度上,气温升高或气压降低,空气密度都会减小;反之增大。

④ 升力系数　升力系数大,平飞所需速度就小。因为,升力系数大,升力大,只需较小的速度就能获得平衡飞机重量的升力;升力系数小,平飞所需速度就大。而升力系数的大小又决定于飞机迎角的大小和增升装置的使用情况。迎角不同,升力系数不同,平飞所需速度也就不同。在小于临界迎角的范围内,用大迎角平飞,升力系数大,平飞所需速度就小;用小迎角平飞,升力系数小,平飞所需速度就大。也就是说,平飞中每一个迎角均有一个与之对应的平飞所需速度。增升装置的使用情况不同,升力系数大小也不同,平飞所需速度也将不一样。比如放襟翼起飞,由于升力系数大,平飞所需的速度就小,即离地速度小,起飞滑跑距离就短。

对于特定的一架飞机,平飞所需速度只与迎角有关系。减小迎角可以加大平飞所需速度,加大迎角可以减小平飞所需速度。

4.2.3　平飞所需拉力和功率

1. 平飞所需拉力

在平飞中,要保持速度不变,拉力应等于阻力,为克服阻力所需要的拉力称为平飞所需拉力,以 $P_{平飞}$ 表示。

由平飞等速条件

$$\begin{cases} L = W \\ P_{平飞} = D \end{cases}$$

可得

$$P_{平飞} = \dfrac{W}{K} \qquad (4-4)$$

式(4-4)表明,飞机的平飞所需拉力与平飞重量成正比,与飞机的升阻比成反比,即

飞机重量越大,平飞所需拉力越大,升阻比越小,平飞所需拉力越大。

2. 平飞所需拉力曲线

平飞所需拉力随迎角变化,而平飞时每一个迎角对应一个速度。所以,当飞行重量一定时,平飞所需拉力随速度变化而变化。这种变化关系可用平飞所需拉力曲线表示,如图 4.2 所示。

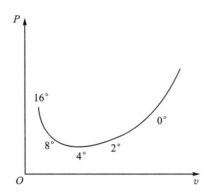

图 4.2　平飞所需拉力曲线

从图中可以看出,随着平飞速度的增大,平飞所需拉力先减小,随后又增大,这是因为平飞速度增大,其对应的迎角减小。在临界迎角到有利迎角的范围内,迎角减小,升阻比增大,则平飞所需拉力减小;在小于有利迎角范围内,随着迎角的减小,升阻比减小,则平飞所需拉力增大;以有利迎角平飞,升阻比最大,则平飞所需拉力最小。

3. 平飞所需功率

平飞时,需要一定的拉力克服阻力做功,拉力每秒钟所做的功就是平飞所需功率,以 $N_{平飞}$ 表示。

根据平飞所需功率的定义,其计算公式为

$$N_{平飞} = P_{平飞} \cdot v_{平飞} \qquad (4-5)$$

从式(4-5)中可以看出,平飞所需功率的大小,决定于平飞所需拉力和平飞所需速度的大小。其中任何一个因素变化,都会引起平飞所需功率的变化。由式(4-5)计算出每一平飞速度所对应的所需功率,以平飞所需功率为纵坐标,以平飞速度为横坐标,即可绘出平飞所需功率曲线,如图 4.3 所示。

从图 4.3 可以看出,随着平飞速度的增大,平飞所需功率先减小后增大,这是因为从临界迎角开始,随着平飞速度的增大,起初由于平飞所需拉力的急剧减小,故平飞所需功率减小;平飞速度增大到一定程度后,随着平飞速度继续增大,虽然平飞拉力仍旧减小,但其减小的变化量小于速度的增大的变化量,故平飞所需功率增大;当飞行速度大于最小阻力速度后,随着平飞速度增大,平飞所需拉力也增大,所以平飞所需功率显著增大。

4．平飞拉力曲线和剩余拉力

将平飞所需拉力曲线和螺旋桨可用拉力曲线绘制在同一坐标系上,统称为平飞拉力曲线,如图 4.4 所示,通过它可以看出飞机的平飞性能。

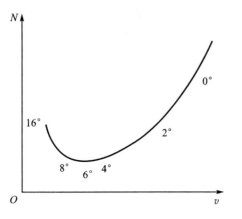

图 4.3　平飞所需功率曲线　　　　　图 4.4　平飞拉力曲线

油门增加,可用拉力曲线上移,速度增大,可用拉力减小。

剩余拉力是指同一速度下,飞机的可用拉力与平飞所需拉力之差,以 ΔP 表示,即

$$\Delta P = P_{可用} - P_{平飞}$$

由图 4.4 可以看出,随着飞行速度的增大,剩余拉力先增大后减小;同一油门下,最大剩余拉力对应平飞所需功率最小的速度。

5．平飞功率曲线和剩余功率

把平飞功率曲线和螺旋桨可用功率曲线画在同一坐标系上,统称为平飞功率曲线,如图 4.5 所示。

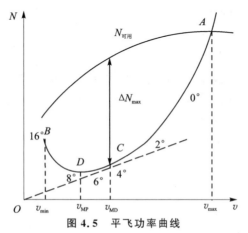

图 4.5　平飞功率曲线

油门增加,可用功率曲线上移。

剩余功率是指同一速度下,飞机的可用功率与平飞所需功率之差,以 ΔN 表示,即

$$\Delta N = N_{可用} - N_{平飞}$$

由图 4.5 可以看出,随着飞行速度的增大,剩余功率先增大后减小;同一油门下,最大剩余功率对应平飞所需拉力最小的速度。

4.2.4　平飞性能

平飞性能主要包括平飞最大速度、平飞最小速度、最小阻力速度、最小功率速度、巡航速度以及平飞速度范围。对于螺旋桨飞机,使用平飞拉力曲线(见图 4.4)或平飞功率曲线(见图 4.5)来分析判断平飞性能。

1. 平飞最大速度

在一定的高度和重量下,发动机加满油门时,飞机所能达到的稳定平飞速度,就是飞机在该高度上的平飞最大速度,以 v_{max} 表示。这是衡量飞机性能的一个重要指标。当飞行速度增大时,飞机的阻力也增大,发动机拉力也将增大以克服阻力;在飞行速度增大到一定程度时,发动机拉力达到最大可用拉力,这时的速度就是飞机平飞最大速度。发动机的拉力和空气阻力都随着高度的变化而变化,所以在不同高度上,飞机的平飞最大速度也不相同。

由图 4.4 和图 4.5 可以看出,在 A 点,满油门下的可用拉力(或可用功率)与所需拉力(或所需功率)相等,该点对应的速度就是平飞最大速度,它是飞机做定常直线飞行时飞机所能达到的极限速度。通常飞机不用平飞最大速度长时间飞行,因为耗油太多,而且容易损坏发动机。由于发动机不能长时间在最大功率状态下工作,所以通常也将发动机在额定功率状态下工作所能达到的稳定平飞速度称为平飞最大速度。

影响飞机平飞最大速度的主要因素是发动机的拉力和飞机的阻力。由于发动机拉力、飞机阻力与高度有关,所以在说明平飞最大速度时,要明确是在什么高度上达到的。

用平飞最大速度平飞时,飞机的所需拉力等于满油门的螺旋桨可用拉力 $P_{可用满}$,即

$$P_{可用满} = D = C_D \frac{1}{2} \rho v_{max}^2 S$$

由此可得

$$v_{max} = \sqrt{\frac{2P_{可用满}}{C_D \rho S}} \tag{4-6}$$

式(4-6)表明,影响飞机平飞最大速度的因素为满油门时螺旋桨的可用拉力、飞机的阻力系数、空气密度和机翼面积。可见,满油门的可用拉力越大,平飞最大速度越大;

阻力系数、机翼面积、空气密度中任何一个因素增大,都会引起平飞最大速度减小。

平飞最大速度是理论上飞机平飞所能达到的最大速度,而并不是飞机实际的最大使用速度,由于飞机强度等限制,最大使用速度比平飞最人速度可能要小。比如三叉戟飞机,在海平面、标准大气、机翼全发状态下,平飞最大速度为 480 kn,而最大使用速度则规定为 365 kn。另外,满油门发动机的经济性下降,有的还不支持连续工作,因此飞机一般有一个巡航速度。以巡航速度飞行时最经济,航程也最远。

2. 平飞最小速度

平飞最小速度是飞机做等速平飞所能保持的最小稳定速度,指飞机不至于失速的最小飞行速度,以 v_{min} 表示。如有足够的可用拉力或可用功率,那么平飞最小速度的大小受最大升力系数的限制。因为临界迎角对应的升力系数最大,所以与临界迎角相对应的平飞速度(失速速度)就是平飞最小速度。如图 4.6 所示的曲线中,平飞所需拉力曲线最左边一点所对应的速度就是平飞最小速度。

平飞最小速度不但受到最大升力系数的限制,也和发动机的可用拉力有关。在发动机功率不足的情况下(接近升限),平飞最小速度大于失速速度,如图 4.6 所示。飞机平飞所需拉力和发动机可用拉力两条曲线的左方交点 B 对应的速度,就是在这个高度上受发动机限制所确定的平飞最小速度,因此平飞最小速度同时受到临界迎角和发动机功率的限制。

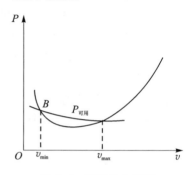

图 4.6 平飞最小速度

飞机的平飞最小速度越小越好。因为平飞最小速度越小,飞机就可用更小的速度接地,着陆距离就会大大缩短,以改善飞机的着陆性能。临界迎角对应的平飞速度是平飞的最小理论速度。实际上当飞机接近临界迎角时,由于机翼上气流严重分离,飞机出现强烈抖动,不仅易失速,而且稳定性、操纵性都差,所以实际上要以该速度平飞是不可能的。为保证安全,对飞行迎角的使用应留有一定的余量,不允许在临界迎角状态下飞行,一般 $v_{min使用} = (1.1 \sim 1.25) v_{min}$。

由于发动机的性能和飞行高度有很大关系,所以在考虑飞机的飞行性能时,必须注意它的飞行高度。在中高空时,平飞最小速度受发动机拉力限制,在低空时主要受飞机临界迎角的限制。为了在低速情况下提供飞机飞行所需要的升力,就必须尽可能地增大飞机的迎角,但是迎角的增大要受到飞机最大迎角的限制,所以这个速度对于飞机的起降性能以及在空气中做低速飞行时的安全性有重要的影响。

3. 最小阻力速度

平飞最小阻力速度就是平飞所需拉力最小的飞行速度,用 v_{MD} 表示。平飞最小阻力速度在平飞所需拉力曲线的最低点,也称为有利速度,对应的迎角称为最小阻力迎角,也称为有利迎角。此时,升阻比最大,平飞所需拉力最小,如图 4.4 和图 4.5 中

C 点对应的速度。

从图 4.5 所示的坐标原点向平飞所需功率曲线作切线,切点 C 所对应的速度即为平飞有利速度。有利速度下,剩余功率最大。平飞有利速度虽然所需拉力最小,但其速度较大,所以平飞有利速度的所需功率并不是最小的。以有利速度平飞,升阻比最大,平飞阻力最小,航程最远。

4. 最小功率速度

最小功率速度指平时所需功率最小的速度,以 v_{MP} 表示,也称平飞经济速度,在平飞所需功率曲线的最低点,如图 4.4 和图 4.5 中的 D 点对应的速度。螺旋桨可用拉力曲线向下平移时,与平飞所需拉力曲线相切的切点 D 所对应的速度就是平飞经济速度。与经济速度相对应的迎角称为经济迎角。在经济速度下,剩余拉力最大。

用经济速度平飞所需功率最小,即发动机的功率最小,比较省油,航时最长。

5. 巡航速度

巡航速度是指发动机在每千米消耗燃油量最少的情况下的飞行速度。巡航速度显然要大于平飞最小速度,小于平飞最大速度,这个速度一般为飞机平飞最大速度的 $70\%\sim80\%$。在巡航速度下飞行最经济而且飞机的航程最大。巡航速度是衡量运输机性能的一个重要指标,主要取决于飞机的最大升阻比以及所装发动机的高度特性和速度特性(拉力和耗油率随高度和速度而变化的特性)。

6. 平飞速度范围

平飞最大速度到最小速度称为平飞速度范围。理论上在此范围内的任一速度都可保持平飞。但实际飞行中使用的平飞速度范围要小些。平飞速度范围越大,飞机的平飞性能越好。螺旋桨飞机建议以经济速度为界把平飞速度范围分为两个,如图 4.7 所示。

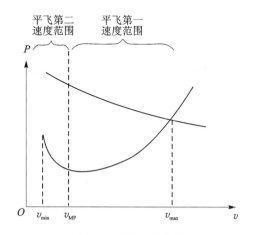

图 4.7 平飞速度范围

以经济速度为界,从经济速度到最大速度称为平飞第一速度范围;从经济速度到最小速度称为平飞第二速度范围。在平飞第一速度范围内,加大油门时拉力增加,飞机的速度增大,此时还要推杆以相应地减小迎角,保持平飞。

在第二速度范围内平飞时,操纵复杂,容易超过临界迎角,造成飞机失速。所以,一般不允许在第二速度范围内平飞。

4.2.5 不同因素对平飞性能的影响

1. 平飞最大速度的变化

(1) 平飞最大速度随飞行高度的变化

随飞行高度的增加,空气密度会减小,发动机有效功率降低,可用拉力曲线下移,可用拉力减小;高度增加,飞机保持同一表速飞行时,动压不变,阻力不变,飞机平飞所需拉力曲线不动,所需拉力不变。这样,随飞行高度的增高,平飞最大速度将减小,平飞最大真速也将减小,如图4.8所示。

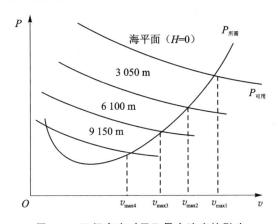

图 4.8 飞行高度对平飞最大速度的影响

(2) 平飞最大速度随飞行重量的变化

飞行重量增加,同一迎角下只能增速,才能产生更大的升力。飞行速度增大,阻力增大,平飞所需拉力和所需功率增大。因此,所需拉力曲线上的每一点(对应一迎角)均向上(阻力大)、向右(速度大)移动。同时,飞行重量增大,可用拉力和可用功率不变。因此,重量增加,平飞最大速度减小,如图4.9所示。

(3) 平飞最大速度随气温的变化

气温变化将引起空气密度发生变化,从而导致发动机功率发生变化。气温增加,空气密度降低,发动机功率降低,可用拉力曲线下移,可用拉力减小。因此,温度增加,平飞最大速度减小,如图4.10所示。

2. 平飞最小速度随高度的变化

飞机在低空飞行时,发动机功率足够,平飞最小速度受临界迎角限制,故随飞行高度增高,对应于临界迎角的最小平飞速度不随高度变化,为失速速度。

高度上升到某一值时,由于满油门可用拉力曲线降低到与所需拉力曲线左端点相交,超过这一高度后,平飞最小速度随高度的增加而增大,如图 4.11 所示。

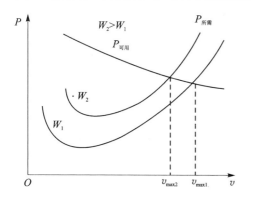
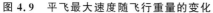

图 4.9　平飞最大速度随飞行重量的变化

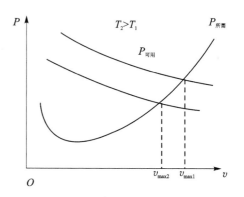

图 4.10　平飞最大速度随气温的变化

3. 飞行包线

将平飞最小速度与平飞最大速度随高度的变化绘制在同一坐标系下,得到的曲线称为飞行包线,如图 4.12 所示。这个曲线给出了飞机做等速直线平飞时的速度范围随高度变化的情况,飞行包线面积越大,飞机的飞行范围就越广。从飞行包线上可以看出,随飞行高度的增高,飞机的平飞速度范围逐渐减小,当达到一定高度时(理论升限),飞机只能以一个速度(最小功率速度)平飞。在实际飞行中,考虑到飞机强度、稳定性、操纵性等因素的影响,实际使用的飞行包线比理论飞行包线要小。在飞机速度包线范围内,根据飞机的平衡特性和操纵规律,把飞行范围划分成两个区域:平飞最小速度到经济速度称为第二速度范围,经济速度到平飞最大速度范围称为第一速度范围(或正常操纵区,简称正区)。

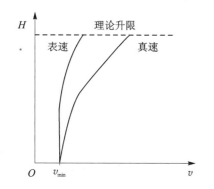

图 4.11　平飞最小速度随飞行高度的变化

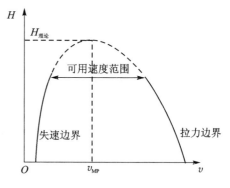

图 4.12　飞行包线

4.2.6　飞机平飞改变速度原理

前面分析和讨论了飞机的飞行性能及其变化,下面由平飞时的平衡条件,结合平飞拉力曲线,讨论飞机平飞增减速的原理。从理论上讲,从平飞最小速度到平飞最大速度各点上都可以实现平飞。如图 4.13 所示的平飞拉力曲线,曲线上每一点都对应一个迎角和速度,为保持需要的速度和迎角,飞行员应前后操纵驾驶杆来偏转升降舵,同时还应操纵油门调整发动机功率,使可用拉力与所需拉力相等。

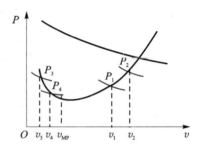

图 4.13　飞机的平飞拉力曲线

下面对第一速度范围和第二速度范围分别进行讨论。

1. 在第一速度范围内

设飞机以速度 v_1 平飞时,所对应的迎角为 α_1,拉力为 P_1,此时飞机的升力 L 等于重力 W,拉力 P_1 等于阻力 D_1。若要增大速度到 v_2,必须加大油门(使位力由 P_1 增大到 P_2)使可用拉力大于阻力,即取得剩余拉力 ΔP,让飞机获得加速度而开始加速。随着飞机速度的增大,飞机的升力也增大,这会引起飞行高度的增加。为保持高度不变,在速度增大的同时应相应地向前推驾驶杆以减小迎角(由 α_1 减小到 α_2),使升力始终等于重力,保持高度不变。在第一速度范围内,当顶杆减小迎角、速度增大时,剩余拉力 ΔP 不断减小;速度增大到 v_2 时,剩余拉力为 0,可用拉力 P_2 等于阻力 D_2,飞机就以迎角 α_2 对应的速度 v_2 稳定飞行。若要减小平飞速度,就应减小油门,同时相应地向后拉杆以增大迎角,如图 4.13 所示。

由此可见,在平飞中改变速度的基本操纵方法是:要增大平飞速度,必须加大油门,并随着速度的增大而前推驾驶杆;同理,要减小平飞速度则必须收小油门,并随着速度的减小而后拉驾驶杆。也就是说,从一个平飞状态改变到另一个平飞状态,必须同时操纵油门和驾驶杆。此外,对螺旋桨飞机还必须要修正因加减油门而引起的螺旋桨副作用的影响。但是必须指出,上述改变平飞速度的操纵规律只有在第一速度范围内才适合。

2. 在第二速度范围内

当飞机以速度 v_3 平飞时,迎角和油门都调到了与速度 v_3 所对应的位置上,飞机的升力 L 等于重力 W,拉力 P_3 等于阻力 D_3。若要增大速度到 v_4,必须加大油门使飞机增速,随飞机速度的增大,相应地向前推驾驶杆以减小迎角,使升力始终等于重力,保持高度不变。在第二速度范围,速度增大,所需拉力减小,所以当速度增大到 v_4 时,还要将油门收小到与速度 v_4 相对应的位置。要从速度 v_3 减速,飞行员应先收油门,同时向后拉驾驶杆,但当速度减小到预定速度时,还要将油门加大到较大的位置。由此可见,要增大平飞速度,不仅要前推驾驶杆以减小迎角,而且还要收油门,要减小平飞速度,不仅要后拉驾驶杆以增大迎角,还要增大油门。在第二速度范围内飞行,其操纵动作与第一速度范围改变速度的操纵规律是相反的,且与人的正常操纵习惯相反,不利于飞行安全。此外,在第二速度范围内飞行,不仅速度小,飞机的稳定性和操纵性差,易失速,而且速度也不易保持。例如,飞机偶尔受到扰动,以致速度增大时,飞机将转入上升,飞行员为了保持高度会向前推杆来制止,但其结果是飞机迎角减小,平飞所需拉力减小,出现剩余拉力,飞机继续增速。相反,如果飞机偶尔受到扰动以致速度减小时,飞机将转入下降,飞行员为了保持高度会向后拉杆来制止,但其结果是速度不仅不易恢复,反而会继续减小,甚至失速。因此,如在飞行中误入第二速度范围,应立即加油门推杆,使飞机尽快从第二速度范围进入第一速度范围。

4.3　上　升

飞机沿向上倾斜的轨迹所做的等速直线飞行称为上升。上升是飞机升高高度的基本方法。同 4.2 节一样,本节首先建立等速直线上升方程,然后由运动方程式出发,结合图表确定飞机的主要上升性能。

上　升

4.3.1　飞机上升的作用力

上升中作用于飞机的外力和平飞相同,有升力 L、重力 W、拉力 P(或推力)和阻力 D。不同的是,上升时,重力与飞行轨迹不垂直,为便于分析问题,把重力分解成垂直于飞行轨迹的分力 W_1 和平行于飞行轨迹的分力 W_2,如图 4.14 所示。

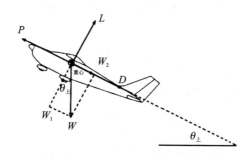

图 4.14　飞机上升时的作用力

上升时,飞机各力矩平衡,作用于飞机上的各力均通过重心,且作用于飞机上的各力也平衡,即

$$\begin{cases} P = D + W \sin\theta_\text{上} \\ L = W \cos\theta_\text{上} \end{cases} \tag{4-7}$$

式(4-7)为飞机上升的运动方程或上升条件。其中任何一个条件不能满足,飞机都不能做等速直线上升。由式(4-7)可以看出,同速度上升时,上升拉力大于平飞拉力,上升升力小于平飞升力,上升升力小于飞机重力,而所需的拉力却大于飞行的阻力。可见,发动机的可用拉力大于飞行的所需拉力时,也就是有剩余拉力时,飞机才

能上升。

由 $$W\cos\theta_{上}=L=C_L\cdot\frac{1}{2}\rho v_{上}^2\cdot S$$

可以得到飞机上升速度,即

$$v_{上}=\sqrt{\frac{2W}{C_L\rho S}}\cdot\sqrt{\cos\theta_{上}}=v_{平飞}\cdot\sqrt{\cos\theta_{上}} \qquad (4-8)$$

即相同重量、以相同迎角飞行时,上升速度小于平飞速度。但由于上升时,上升角较小,$\cos\theta_{上}\approx1$,可以认为 $v_{上}$ 与 $v_{平飞}$ 近似相等,从而可用平飞拉力曲线分析上升性能。

4.3.2　上升性能

飞机上升性能是指飞机在气动力和发动力拉力等外力作用下所表现出来的上升运动能力,通常通过以下几个方面来进行理论分析,包括上升角和陡升速度、上升率和快升速度以及上升时间和升限。

1. 上升角和陡升速度

(1) 上升角和上升梯度

上升角是飞机上升轨迹与水平线之间的夹角,以 $\theta_{上}$ 表示,如图 4.14 所示。上升角大则说明通过同样的水平距离,飞机上升的高度越高,飞机的越障能力越强。

上升高度与前进的水平距离的比值称为上升梯度,上升梯度等于上升角的正切值。上升角与上升梯度成正比。由

$$P=D+W\sin\theta_{上}$$

得

$$\sin\theta_{上}=\frac{P-D}{W}=\frac{\Delta P}{W} \qquad (4-9)$$

上升角不大时,$\sin\theta_{上}\approx\tan\theta_{上}$,得

$$\tan\theta_{上}=\frac{P-D}{W}=\frac{\Delta P}{W} \qquad (4-10)$$

由式(4-9)可以看出,飞机的剩余拉力越大或重量越轻,则上升角和上升梯度越大。爬升角性能最直接影响的是障碍物间隙,它可以用于在短跑道机场或受限机场爬升时越过障碍物。

(2) 陡升速度

能获得最大上升角和最大上升梯度的速度叫陡升速度,以 $v_{陡升}$ 或 v_X 表示。

在飞行重量不变的情况下,飞机的上升角和上升梯度取决于剩余拉力的大小。而剩余拉力的大小取决于油门的大小和飞行速度的大小。同一表速下,油门越大,剩余拉力越大,上升角和上升梯度越大。在加满油门时,速度不同,剩余拉力不同。螺旋桨飞机以最小功率速度飞行时,剩余拉力最大,飞机的上升角和上升梯度最大,所以,螺旋桨飞机的陡升速度为最小功率速度。

（3）影响上升角和上升梯度的主要因素

① **重量**　飞行重量变化会引起飞机阻力变化,导致剩余拉力变化,从而影响上升角和上升梯度的大小。飞行重量增加,则阻力增大,平飞所需拉力曲线上移,使剩余拉力减小,上升角和上升梯度减小;飞行重量减轻,则使上升角和上升梯度增大。所以,当起飞上升的上升梯度要求高、而飞机的上升梯度满足不了要求时,应减轻重量以达到要求。

② **飞行高度**　以同一指示空速上升,飞机的阻力不变,但随着高度增加,发动机的有效功率降低使可用拉力减小,导致剩余拉力减小,上升角和上升梯度减小;当飞机上升到一定高度时,剩余拉力会减小到 0,飞机的上升角和上升梯度也减小到 0。

③ **气温**　气温增加,空气密度减小。发动机的有效功率减小,可用拉力曲线下移,需用拉力曲线不动,飞机的剩余拉力减小,导致飞机的上升角和上升梯度减小;气温降低,使飞机的上升角和上升梯度增大。

2. 上升率和快升速度

（1）上升率

在上升中,飞机单位时间所上升的高度,叫上升率,也叫上升垂直速度,以 $v_{Y上}$ 表示,单位是 m/s,如图 4.15 所示。

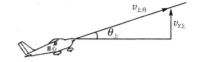

图 4.15　上升率、上升角、上升速度

上升率越大,说明飞机爬升越快,表明飞机上升到一定高度所需的时间越短,飞机就能迅速升高高度,上升性能好。要尽快到某一高度层时,应选用最大上升率方式爬升。

由上升率与上升角、上升速度的关系得

$$v_{Y上} = v_上 \cdot \sin\theta_上 = v_上 \cdot \frac{\Delta P}{W} = \frac{\Delta N}{W} \qquad (4-11)$$

从式（4-11）可以看出,上升率的大小取决于剩余功率和飞行重量,飞机的剩余功率越大,或飞行重量越轻,飞机的上升率越大。因为飞机上升的过程实际就是将剩余功率变成势能的过程。在飞机重量不变的情况下,剩余功率越大,飞机在单位时间内增加的势能就越多,上升率也就越大。在剩余功率一定的情况下,飞机重量越轻,在单位时间内上升的高度越高,上升率也就越大。

（2）快升速度

快升速度指能获得最大上升率的速度,以 $v_{快升}$ 或 v_Y 表示。在飞行重量一定的情况下,上升率的大小主要决定于剩余功率的大小,而剩余功率的大小又决定于油门位置和上升速度。在油门位置一定的情况下,用不同速度上升,由于剩余功率大小不同,上升率大小也就不同。对低速螺旋桨飞机,加满油门,在有利速度附近,剩余功率最大,所以用近似有利速度的速度上升,可以得到最大的上升率。因此对于活塞螺旋桨飞机,快升速度 v_Y 为 v_{MD}。飞机的最大上升率是飞机重要的飞行性能之一。

（3）影响上升率和快升速度的主要因素

① **飞行重量**　飞行重量增加,则上升所需功率增大,平飞所需功率曲线上移,剩余功率减小,上升率减小;飞行重量减小,则上升率增大。

② **飞行高度**　上升率与飞行高度有关。飞行高度增加使得空气密度减少,从而导致发动机拉力、发动机有效功率、可用功率降低,而飞机在同一指示空速的所需功率因真速的增大而增大,导致剩余功率随高度增大而减小,上升率减小。所以一般在海平面时,最大爬升率随着高度的增加而减小。当飞机上升到一定高度时,剩余功率减小到 0,最大上升率减小到 0,快升速度减小到最小功率速度。

③ **气温**　气温增加,空气密度减小,上升所需功率增大,平飞所需功率曲线上移,发动机有效功率减小,可用功率曲线下移,剩余功率减小,上升率减小;气温降低,则上升率增大。

3. 上升时间和升限

飞机上升到预定高度所需的最短时间称为上升时间。

飞机上升时,随着高度的增加,空气密度逐渐减小,发动机可用功率将逐渐下降,剩余功率随之减小。所以,最大上升率随着高度的升高一直减小。既然最大上升率随高度的增加要一直减小,那么当飞机上升到某一极限高度时,最大上升率势必要减小到 0,发动机已没有剩余的能力使飞机高度进一步增加,此时飞机仅能以这一速度做水平直线飞行,这时飞机的极限高度为理论升限,即最大上升率等于 0 的高度。在理论升限位置时,飞机只能以最小功率速度平飞。

由于高度增高,上升率减小,上升单位高度的时间越长;越接近理论升限,上升率越小,飞机上升越缓慢,理论升限上的最大上升率为 0,飞机要稳定上升到理论升限的上升时间趋于无穷。

这就是说实际上飞机是不可能稳定上升到理论升限的,为此,实用中规定,螺旋桨飞机以最大上升率 0.51 m/s(100 ft/min)对应的高度为实用升限,而高速喷气式飞机则以最大上升率 2.54 m/s(500 ft/min)对应的高度为实用升限,如图 4.16 所示。

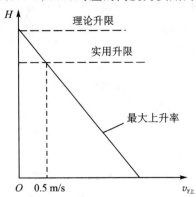

图 4.16　飞机理论升限和实际升限

重量增大,飞机的升限将会降低。

4. 风对上升性能的影响

有风的情况下,飞机除了与空气有相对运动外,还随空气一起相对地面运动,此时,飞机的上升率、空速、迎角、上升角与无风一样,但飞机的地速却发生了变化,飞机相对地面的上升轨迹发生了变化。顺风上升,上升角和上升梯度都减小;逆风上升,上升角和上升梯度都增大。在垂直气流中上升,上升角和上升率都要改变。在上升气流中上升,上升角和上升率增大;在下降气流中上升,上升角和上升率减小。水平气流不影响飞机的上升率。顺风使地速增加,上升角减小;逆风使地速减小,上升角增大,如图 4.17 所示。

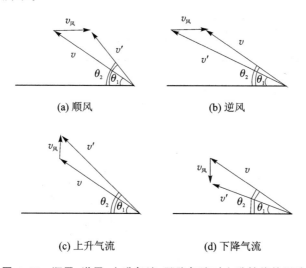

(a) 顺风　　　　　　　　　(b) 逆风

(c) 上升气流　　　　　　　(d) 下降气流

图 4.17　顺风、逆风、上升气流、下降气流对上升性能的影响

5. 上升性能图表

从上升性能图表可以确定飞机从机场起飞,上升到巡航高度所需的时间、燃油和上升距离的数据如表 4.1 所列。其中,飞机飞行条件是:在标准海平面气压、标准温度下,飞机以 110 kn 的速度上升,襟翼、起落架收起,整流罩活门打开,发动机满油门,燃油流量为 54 kg/h。

例:某飞机的上升性能见表 4.1,出发机场压力高度为海平面高度,机场温度为 22 ℃,巡航压力高度为 2 440 m(8 000 ft),起飞质量为 154 kg(3 400 lb),求上升过程中消耗的燃油、爬升时间和爬升经过的距离。

解:① 检查表上的条件是否满足;

② 从表中第一栏中给定的质量 154 kg(3 400 lb)对应的数据中读出海平面高度的时间、燃油量和距离,均为 0;

③ 读出巡航高度为 2.4 km(8 000 ft)的时间、燃油量和距离,从而可以知道从海平面爬升到 2.4 km(8 000 ft)需要的时间为 10 min,燃油量为 10 kg(21 lb),前进距离为

20 n mile;

④ 温度 22 ℃,比标准温度高 7 ℃。从表的注意事项得知,每高于标准温度 7 ℃,时间、燃油量和距离要增加 10%,因此上升过程中需要的时间为 11 min,燃油量为 11 kg(23.1 lb),前进距离为 22 n mile。

表 4.1　某飞机的上升性能表

质量/kg	压力高度/km	爬升率/(m·s⁻¹)	从海平面起始		
			时间/s	所用燃油/kg	距离/km
1816	0	3.1	0	0	0
	1.22	2.9	420	6	24
	2.44	2.7	840	13	50
	3.66	2.5	1 320	20	80
	4.88	2.2	1 860	28	117
	6.10	1.9	2 460	37	161
1680	0	3.6	0	0	0
	1.22	3.4	360	5	20
	2.44	3.2	720	11	43
	3.66	2.9	1 140	17	69
	4.88	2.7	1 560	24	98
	6.10	2.3	2 040	31	133
1544	0	4.1	0	0	0
	1.22	3.9	300	5	17
	2.44	3.7	600	10	37
	3.66	3.5	960	15	57
	4.88	3.2	1 320	20	83
	6.10	2.9	1 740	26	113

注意:

1. 开车、滑行、起飞另加 7 kg 燃油。

2. 每高于标准气温 7 ℃,时间、燃油量和距离增加 10%。

3. 爬升距离基于无风条件。

4.3.3　飞机上升的操纵原理

飞机上升时,必须有剩余拉力。剩余拉力不同则上升角不同,剩余拉力最大则上升角最大。满油门时,最小功率速度对应的剩余拉力最大。

由图 4.18 可知,当速度在最小功率速度到平飞最大速度范围内时,飞行员拉杆,则迎角增大,上升速度减小,剩余拉力增大,上升角、上升率增大;当速度减小到最小功率速度时,剩余拉力和上升角最大;当速度小于最小功率速度后,继续拉杆,迎角增大,上升速度减小,但剩余拉力减小,上升角、上升率都减小。当迎角增大到临界迎角时,飞机失速。

从以上分析可知,当速度大于最小功率速度时,飞行员拉杆,上升角增大,这与人的正常操纵习惯一致;而当速度小于最小功率速度时,飞行员拉杆,上升角最终却是减小的,这与人的正常操纵习惯不一致。因此,以最小功率速度为界,最小功率速度到平飞最大速度称为上升第一速度范围,最小功率速度到平飞最小速度称为上升第二速度范围。

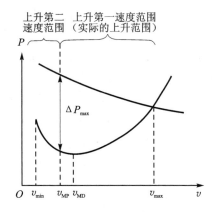

图 4.18　飞机上升的两个速度范围

在上升第二速度范围,不仅操纵与飞行员的正常操纵习惯不一致,而且由于速度小,飞机的稳定性和操纵性差,飞行不安全。因此,一般不用上升第二速度范围的速度上升。

1. 飞机由平飞转上升的操纵

飞机由平飞转入上升时,首次必须有向上的向心力,即首先使飞机的升力大于重力,飞机的轨迹才能向上弯曲,才能逐渐增大上升角,使飞机转入上升。

如图 4.19 所示,飞机原以速度 v_1 平飞,飞行员不动油门,向后拉驾驶盘,则飞机迎角增大,升力增大大于重力,有了向上的向心力($L-W$)。在向心力($L-W$)的作用下,飞机的运动轨迹向上弯曲,飞机转入上升。飞机的迎角继续增大,阻力增大,飞机转入上升分解出与飞行速度平行的重力分量 W_2,不动油门则拉力不足以平衡阻力和重力分量 W_2,飞机速度减小。当飞机速度减小到 v_2 时,出现剩余拉力 ΔP,当剩余拉力 ΔP 等于 W_2 时,飞机就以速度 v_2 稳定上升。

如图 4.20 所示,飞机原以速度 v_1 平飞,飞行员不动驾驶盘而加大油门,开始由于拉力大于阻力,飞机加速,速度增大则升力增大,有了向上的向心力($L-W$)。在向心力($L-W$)的作用下,飞机的运动轨迹向上弯曲,飞机转入上升。飞机转入上升分解出与飞行速度平行的重力分量 W_2,同时速度增大阻力也增大,不动驾驶盘则拉力不足以平衡阻力和重力分量 W_2,飞机速度减小,出现剩余拉力 ΔP。当剩余拉力 ΔP 等于 W_2 时,飞机就以速度 v_1(实际稍小于 v_1)稳定上升。

从以上分析可知,飞机原处于平飞状态,不动油门,只拉驾驶盘,飞机将以小于原来的飞行速度稳定上升;只加油门,不动驾驶盘,飞机基本保持原速度稳定上升。飞机转入上升的效率决定于向心力的大小,上升角的大小决定于剩余拉力的大小,而上升角较大的则重力分量 W_2 大,减速作用强。为了使飞机转入上升快,并按预定的速度上升,一般在向后拉驾驶盘的同时,相应地加大油门来增大拉力,使拉力与阻力和

重力分量 W_2 之和平衡。预定的上升角(或上升率)越大则油门需要加得越多。

　　飞机转入等速直线上升后,升力只平衡重力在垂直于速度方向的分量 W_1。因此,当飞机接近预定的上升角(或上升率)时,就应当适当地前推驾驶杆来减小迎角,以减小升力,使升力正好等于重力的分量 W_1。

　　因此,飞机由平飞转入上升的基本操纵方法是加大油门到预定位置,同时柔和地向后拉驾驶杆,使飞机逐渐转入上升;当接近预定的上升角(或上升率)时,适当前推驾驶杆,以便使飞机稳定在预定的上升角(或上升率)。必要时,调整油门,以保持预定的速度。对于螺旋桨飞机,还应注意修正螺旋桨副作用的影响。

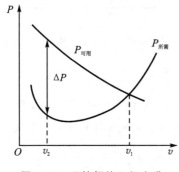

图 4.19　只拉杆使飞机上升

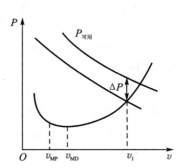

图 4.20　只加油门使飞机上升

2. 飞机由上升转入平飞的操纵

　　飞机由上升转入平飞时,飞行员应前推驾驶杆来减小迎角,以减小升力,使飞机的升力小于重力分量 W_1,产生向下的向心力,飞机运动轨迹向下弯曲,从而使飞机逐渐转入平飞。

　　在飞机转入平飞的过程中,上升角和上升率不断减小,重力分量 W_2 也随之减小,飞机的速度有增大的趋势。为了保持预定的平飞速度,应在前推驾驶盘的同时,相应地减小油门和可用拉力,以便在达到平飞状态时,飞机的可用拉力恰好等于阻力。当飞机的上升角和上升率接近平飞状态时,还应适当地拉驾驶杆来增大迎角,以增大升力,使飞机在达到平飞状态时,升力恰好等于重力。

　　因此,飞机由上升转入平飞的操纵方法是柔和地前推驾驶杆,同时适当地收小油门,使飞机逐渐转入平飞。待上升角(或上升率)接近 0 时,适当地后拉驾驶杆保持平飞。必要时,调整油门,保持预定的平飞速度。对于螺旋桨飞机,还应注意修正螺旋桨副作用的影响。

4.4　下　降

　　飞机沿向下倾斜的轨迹所做的等速直线飞行称为下降。下降是飞机降低高度的基本方法。

4.4.1　下降时的作用力

下降中作用于飞机的外力和平飞时相同,有升力 L、重力 W、拉力(或推力)P 和阻力 D。飞机的下降根据需要可用正拉力、零拉力或负拉力进行。本节只讨论零拉力下降时的下降性能。拉力近似于 0(闭油门)的下降称为下滑。飞机零拉力下降时的作用力如图 4.21 所示。与上升的平衡条件一样,即垂直于运动方向的各力和平行于运动方向的各力应分别取得平衡,即

$$\begin{cases} L = W_1 = W\cos\theta_下 \\ D = W_2 = W\sin\theta_下 \end{cases} \tag{4-12}$$

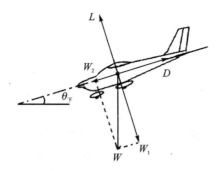

图 4.21　飞机零拉力下降时的作用力

下降时,飞机的升力小于飞机的重量,小于平飞时的升力。

由　　　　　$L = W\cos\theta_下$　　及　　$W\cos\theta_下 = L = C_L \cdot \dfrac{1}{2}\rho v_下^2 \cdot S$

可以得到下降速度,即

$$v_下 = \sqrt{\frac{2W}{C_L \rho S}} \cdot \sqrt{\cos\theta_下} = v_{平飞} \cdot \sqrt{\cos\theta_下} \tag{4-13}$$

即相同重量下,以同迎角飞行时,下降速度小于平飞速度。但由于下降时,下降角很小,$\cos\theta_上 \approx 1$,可以认为 $v_下$ 与 $v_{平飞}$ 近似相等,从而可用平飞拉力曲线分析飞机的下降性能。

4.4.2　下降性能

飞机的下降性能主要包括最小下降角、最小下降率和最大下降距离。

1. 下降角和下降距离

下降轨迹与水平线之间的夹角称为下降角,以 $\theta_下$ 表示。下降距离是指飞机下降一定高度所前进的水平距离,以 $l_下$ 表示。下降角和下降距离的关系如图 4.22 所示。

由零拉力下降的平衡条件式(4-12)得

$$\tan\theta_下 = \frac{D}{L} = \frac{1}{K} \tag{4-14}$$

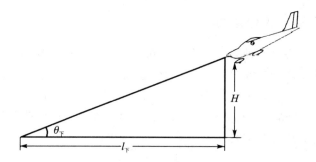

图 4.22　下降角和下降距离的关系

又根据 $\theta_{\text{下}}$ 和 $l_{\text{下}}$ 的关系得

$$l_{\text{下}} = \frac{H}{\tan\theta_{\text{下}}} = H \cdot K \qquad (4-15)$$

由式(4-14)和式(4-15)可知,零拉力下降时,飞机的下降角仅取决于升阻比的大小(和重量无关),下降距离的长短取决于下降高度和下降角。下降高度越高,下降角越小,下降距离就越长。而下降角的大小是由升阻比所决定的,升阻比越大下降角越小,所以下降距离的长短取决于下降高度和升阻比。在下降高度一定时,下降距离只取决于升阻比的大小,当升阻比增大时,下降角减小,下降距离增长。以最大升阻比下降,即以最小阻力速度(有利速度)下降,下降角最小,飞机的下降距离最大,如图 4.23 所示。

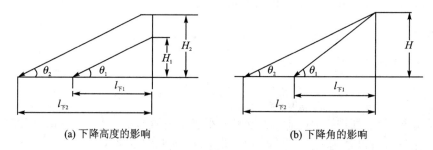

(a) 下降高度的影响　　　　　　　　　　(b) 下降角的影响

图 4.23　下降高度和下降角对下降距离的影响

凡是使升阻比减小、下降角增大的因素都将使下降距离缩短。例如,在放起落架、襟翼及飞机结冰等情况下,升阻比减小,下降角增大,下降距离缩短。

飞行中还常用滑翔比的大小来估计下降距离的长短,滑翔比是飞机下降距离与下降高度之比,也就是飞机每降低 1 m 所前进的距离,以 η 表示,即

$$\eta = \frac{l_{\text{下}}}{H} \qquad (4-16)$$

式(4-16)表明,在高度一定时,滑翔比越大,飞机下降距离越长。在无风和零拉力条件下,飞机的滑翔比等于升阻比。

2. 下降率

下降率是指飞机在单位时间里下降的高度,以 $v_{Y下}$ 表示,单位为 m/s。下降率越大,飞机降低高度越快,下降到一定高度的时间就越短。

由式(4-12)可得

$$v_{Y下} = v_下 \cdot \sin\theta_下 \approx \frac{v_下}{K} \qquad (4-17)$$

或

$$v_{Y下} = v_下 \cdot \sin\theta_下 \approx v_下 \cdot \frac{D}{W} = \frac{N_{平飞}}{W} \qquad (4-18)$$

由式(4-18)可知,飞机的下降率取决于平飞所需功率和重量。当 $N_{平飞}$ 最小时,下降率最小,即以最小功率速度下降,可以获得最小的下降率。

3. 下降性能的主要影响因素

① **飞行重量**　飞行重量增大,零拉力下降时同迎角下的升阻比不变,下降角不变,下降距离不变,但下降速度增大使下降率增大。飞行重量减轻则相反。

② **气温**　气温增高,同迎角对应的升阻比不变,故零拉力下降的下降角不变,但气温增高使空气密度减小,同指示空速的真速增大,下降率增大。气温下降则相反。

③ **风**　风对下降性能的影响同风对上升性能的影响相同。顺风下降时,下降角减小,下降距离增长,下降率不变;逆风下降时,下降角增大,下降距离缩短,下降率不变。在上升气流中下降时,下降角和下降率都减小,下降距离增大;在下降气流中下降时,下降角和下降率都增大,下降距离缩短,如图 4.24 所示。

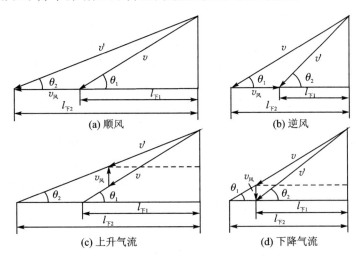

(a) 顺风

(b) 逆风

(c) 上升气流

(d) 下降气流

图 4.24　顺风、逆风、上升气流、下降气流对下降性能的影响

有风时,最大下降距离将不在最小阻力速度时获得。顺风下降,适当减小速度,增长下降时间,风的影响增大,可以增长下降距离;逆风下降,适当增大速度则可以增长下降距离。

4.4.3 下降的操纵原理

1. 飞机下降的两个速度范围

从前面讨论飞机的下降可知,当飞机的下降速度等于最小阻力速度时,飞机的下降角最小。如速度大于最小阻力速度,飞行员后拉驾驶杆以增大迎角,升阻比增大,飞机的下降角减小;如飞机的速度小于最小阻力速度,飞行员后拉驾驶杆以增大迎角,虽然最初飞机的下降角由于升力的增大而有所减小,但随后由于阻力增大得更多,升阻比减小,下降角最终却是增大的。

由此可见,在大于最小阻力速度和小于最小阻力速度的两种情况下,同样的操纵动作,下降角的变化却是相反的。因此,以最小阻力速度为界,把下降速度也分为两个范围。大于最小阻力速度到平飞最大速度为下降第一速度范围,小于最小阻力速度到平飞最小速度为下降第二速度范围,如图 4.25 所示。

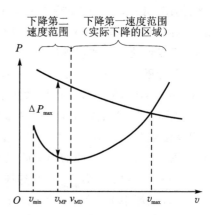

图 4.25　飞机下降的两个速度范围

在下降第一速度范围内下降,飞行员前推驾驶盘,下降角增大,后拉驾驶盘,下降角减小;在下降第二速度范围内下降,飞行员前推驾驶盘,下降角减小,后拉驾驶盘,下降角增大。这与飞行员的正常操纵习惯不符,而且在第二速度范围内下降,飞机迎角大、速度小、稳定性和操纵性差,飞行不安全。因此,通常不在第二速度范围内下降。

2. 改变下降角、下降速度、下降率和下降距离

在稳定的下降中,一个迎角对应一个下降速度。前后移动驾驶杆来改变迎角,就可相应地改变下降角、下降速度、下降率和下降距离。在下降第一速度范围内,后拉驾驶杆,飞机迎角增大,升力系数和阻力系数增大,下降角、下降速度及下降率减小,下降距离增长;前推驾驶杆,下降角、下降速度及下降率增大,下降距离缩短。

下降中,不动驾驶杆加油门,飞机可用拉力增大,下降速度增大,升力和阻力增大。升力大于重力分量 W_1,飞机运动轨迹向上弯曲,下降角减小。由于下降角减小,重力分量 W_2 随之减小,重力分量 W_1 随之增大;重力分量 W_2 与拉力之和小于阻力,使下降速度减小。下降角减小到一定程度时,重力分量 W_2 与拉力之和等于阻力,下降速度不再改变;而重力分量 W_1 增大到等于升力时,下降角也不再减小。最后,飞机稳定在较小的下降角和较大的下降速度。因此,下降中增大油门,可使下降角减小,下降速度稍增大,下降距离增大。反之,下降中减小油门,可使下降角增大,下降速度稍减小,下降距离缩短。

下降中,主要是操纵驾驶杆和油门,保持好规定的下降角、下降率和下降速度。只要油门在规定的位置,操纵驾驶杆保持好规定的下降速度,就可以获得规定的下降角和下降率。

3. 平飞转下降和下降转平飞的操纵

飞机要由平飞转入下降,其升力应小于重力,从而产生向下的向心力,飞机的运动轨迹才能向下弯曲,才能逐渐增大下降角,使飞机转入下降。

如图 4.26 所示,飞机原以速度 v_1 平飞,飞行员不动油门只前推驾驶杆,飞机迎角减小,升力减小,升力小于重力,在向心力($W-L$)的作用下,飞机运动轨迹向下弯曲。迎角减小,飞机阻力减小,拉力大于阻力,加上重力分量 W_2 的作用,飞机速度增大。当速度增大到 v_2 时,负的剩余拉力 ΔP 与 W_2 平衡,升力 L 与 W_1 平衡,飞机以速度 v_2 稳定下降。

如图 4.27 所示,飞机原以速度 v_1 平飞,飞行员不动驾驶杆只减小油门,最初由于拉力小于阻力而使飞机减速。速度减小则升力减小,在向心力($W-L$)的作用下,飞机运动轨迹向下弯曲,下降角逐渐增大。飞机转入下降,出现重力分量 W_2,拉力与重力分量 W_2 之和大于阻力,又使飞行速度增大。当负的剩余拉力 ΔP 与 W_2 平衡,升力 L 与 W_1 平衡时,飞机基本保持速度 v_1(实际稍小些)下降。

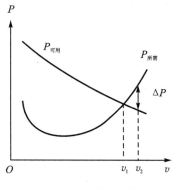
图 4.26 只推杆下降

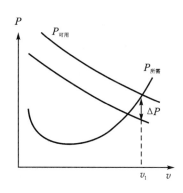
图 4.27 只收油门下降

由以上分析可知,不动油门而只推驾驶盘,飞机将以比原速度大的速度下降;不动驾驶杆而只收油门,飞机基本保持原速度下降。

实际飞行中,由平飞转下降,一般是先推驾驶杆,减小升力,使飞机转入下降;随着下降角的逐渐增大,重力分量 W_2 的加速作用增强,为了能保持规定的下降角和下降速度,在前推驾驶杆的同时,收小油门,以便使拉力与重力分量 W_2 之和等于阻力。油门减小多少,应根据预定的下降角和下降速度的大小而定,预定的下降角大,下降速度小,应多收油门。直线下降中,升力应等于重力分量 W_1,所以当接近预定的下降角时,应后拉驾驶杆来增大迎角,以增大升力,以便使飞机达到预定的下降角时,升力恰好等于重量分力 W_1,使飞机保持预定的下降角下降。

综上所述,飞机由平飞转入下降的基本操纵方法一般是柔和地前推驾驶盘,以减小迎角,使飞机逐渐转入下降,同时收小油门,减小拉力。待飞机接近预定的下降角(下降率)时,应及时后拉驾驶盘,保持好预定的下降角下降。

飞机由下降转平飞,飞行员应后拉驾驶杆来增大迎角,使飞机的升力大于重力分量 W_1,产生向上的向心力,才能使飞机的运动轨迹向上弯曲,减小下降角而逐渐转入平飞。当下降角减小时,重力分量 W_2 随之减小,应在后拉驾驶杆的同时,加油门到预定的平飞位置,当飞机接近平飞状态时,则应适当地前推驾驶杆以减小迎角和升力,使飞机达到平飞状态,此时升力恰好等于重力,保持平飞。

由以上分析可知飞机由下降转平飞的基本操纵方法是加大油门至平飞位置,同时柔和地后拉驾驶盘以减小下降角,待飞机接近平飞状态时,应向前回盘,保持平飞。

思考题

4-1 解释下列术语:
①指示空速;②真速;③平飞最大速度;④平飞最小速度;
⑤最小阻力速度;⑥最小功率速度;⑦剩余拉力;⑧剩余功率;
⑨上升梯度;⑩上升率;⑪陡升速度;⑫快升速度。

4-2 简述平飞所需拉力随平飞速度变化的规律,并说明变化的原因。

4-3 飞行高度、飞行重量、气温对平飞最大速度和平飞最小速度有何影响?

4-4 飞机直线飞行时,如何操纵飞机加减速?

4-5 影响上升角和上升梯度的因素主要有哪些?怎样才能获得最大的上升角和上升梯度?

4-6 说明影响上升率大小的因素有哪些?怎样才能获得最大的上升率?

4-7 说明飞行重量、气温、风对上升性能的影响。

4-8 说明飞行重量、气温、风对下降性能的影响。

4-9 说明影响下降角大小的因素有哪些?怎样才能获得最小的下降角?

4-10 如何操纵飞机由平飞转入上升?如何操纵飞机由上升转入平飞?

4-11 如何操纵飞机由平飞转入下降?如何操纵飞机由下降转入平飞?

第 5 章　盘　旋

　　盘旋是飞机在水平面的一种典型的机动飞行动作,即飞机连续转弯不小于360°的飞行。

　　盘旋分定常和非定常盘旋两种。如果盘旋中,飞机不带侧滑,飞行高度、飞行速度、盘旋半径等参数都不随时间而改变,这种盘旋称为正常盘旋或定常盘旋。正常盘旋常用来衡量飞机的方向机动性。盘旋一周所需的时间越短,盘旋半径越小,方向机动性就越好。飞机非定常盘旋时,速度、滚转角等都随时间而变,又称加力盘旋。通常情况下,飞行高度、速度等参数不可能保持完全不变,如果盘旋时上述参数变化不大,可以将这种盘旋当成是正常盘旋。不带侧滑的转弯是盘旋的一部分,受力情况与盘旋相同,只是转弯角度小于360°,它们的操纵原理完全相同,所以下文中除特殊说明外,不再严格区分盘旋和转弯。

5.1　盘旋中的作用力

　　飞机盘旋时,必须形成坡度,使升力随飞机对称面倾斜,飞行盘旋时所受的力如图5.1所示,有升力 L、重力 W、拉力 P 和阻力 D。飞机有了坡度,升力倾斜,可将升力分解成垂直方向和水平方向的分力。飞机升力的水平分力提供转弯的向心力。

　　飞机做好正常盘旋的要求是保持盘旋的坡度、高度、速度和半径不变,根据力学原理,要保持正常盘旋,必须满足以下表达式:

$$\left.\begin{array}{l} L\cos\gamma = W \\ L\sin\gamma = m\dfrac{v^2}{r} \\ P = D \end{array}\right\} \tag{5-1}$$

式中,m 为飞机质量;γ 为盘旋坡度。

　　从式(5-1)可知,保持飞机的飞行高度,其升力的竖直分量与飞机重力平衡。对同一架飞机来说,重力可认为不变,升力垂直分量则随着升力方向的改变而改变。升力大小不变而坡度增大时,升力垂直分量则减小,坡度不变而升力增大时,升力垂直分量增大。因此要保持盘旋中的高度不变,就必须用推油门增大速度或拉杆增加迎角的方法增加升力。盘旋坡度越大,油门和迎角增量也越大。

　　升力的水平分量提供做圆周运动所需的向心力,

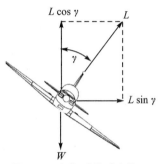

图 5.1　盘旋时的受力情况

使飞机转弯。它就像用手拽着东西画圈甩动一样,画一道弧拉拽飞机转向。因此,侧倾角度越大,升力的水平分力越大,转弯的速度也会越快。要保持盘旋半径不变,只要盘旋速度和向心力不变即可。

保持盘旋速度不变,应当使拉力和阻力平衡。拉力大小由油门位置决定,阻力大小主要由速度和迎角决定。

综上所述,只要飞机保持好预定的坡度、迎角和发动机工作状态,就可以正常盘旋。

5.2　飞机的载荷因数

过载是飞机强度的一个重要概念。飞机在飞行过程中受到各种载荷的作用,其中影响飞机结构强度的载荷主要是飞行中的空气动力、发动机拉力、重力等。前面介绍的作用在飞机结构上的主要外力仅仅反映了飞机受力的绝对大小和方向,并不反映受力的严重程度,为了反映出飞机在某一飞行状态时受力的严重程度,通常用当时飞机所受的表面力同飞机的重力作比较,这样就产生了载荷因数(也叫过载)的概念。

飞机的载荷因数是指除飞机本身重量以外的其他作用力之和(包括发动机推力和气动力)与飞机重力的比值。除了飞机重量外,作用在飞机上的其他外力沿飞机机体坐标轴方向的分量与飞机重量之比称为飞机在该方向的载荷因数,分别用 n_X,n_Y,n_Z 来表示。在这三个载荷因数中,飞行中变化较大、对飞机结构受力影响较大的是立轴方向上的载荷因数 n_Y,所以如果不加指明,一般所说飞机的载荷因数就是指 n_Y。飞机飞行中,立轴方向的载荷因数 n_Y 就等于升力与重力之比,即

$$n_Y = \frac{L}{W} \tag{5-2}$$

载荷因数是一个无单位的矢量,可能大于 0 或小于 0,其正负取决于升力在机体坐标系上的方向。而升力的正、负号取决于升力与飞机 Y 轴(立轴)的关系。如果升力的方向与 Y 轴相同,则取正号;反之则取负号。例如,驾驶员猛推杆可能使飞机的迎角减小过大,产生负的升力,从而过载为负。

飞机过载表明了机体受载的严重程度,载荷因数越大,说明作用在飞机上的升力越大,表示升力比重力大得越多,飞机各部件的受力越大。飞机做盘旋时,特别是大坡度盘旋时,向心力大,向心加速度大,产生的惯性力就大。因此,飞机在做机动飞行时,升力往往比重力要大好几倍,也就是飞机上所受的载荷要比稳定飞行时大好几倍。所以在设计飞机、计算飞机结构的强度时,必须重视飞机上所受载荷的增大情况。飞机的结构强度一般用飞机可以承受的最大载荷因数来加以限制。

根据 FAR(联邦航空条例)23.305 对飞机强度的规定,飞机的最大载荷因数分为限制载荷因数和极限载荷因数,飞机的限制载荷因数为服役期中正常使用下的最

大允许载荷与重力之比。飞机结构必须能够承受限制载荷因数而不会产生危及飞行安全的永久变形,除非另有说明,飞机所规定的载荷因数均为限制载荷因数。限制载荷因数也称为最大允许使用载荷因数。

极限载荷因数以限制载荷因数乘以 1.5 倍的安全系数来规定,飞机结构必须能够承受极限载荷因数至少 3 s 而不被破坏。

在不同的飞行状态下,飞机重心过载的大小往往不一样。过载可能大于 1、小于 1、等于 1,这决定于曲线飞行时升力的大小和方向。飞机平飞时,升力等于飞机的重量,过载等于 1;曲线飞行时,过载经常不等于 1。

正常盘旋时,$L \cos \gamma = W$,所以

$$n_Y = \frac{1}{\cos \gamma} \qquad (5-3)$$

由式(5-3)可知,正常盘旋中的载荷因数只取决于坡度,即一定的过载对应一定的坡度。坡度增大,载荷因数增大。表 5.1 列出了不同盘旋坡度对应的载荷因数。

表 5.1　不同盘旋坡度对应的载荷因数

γ	0°	15°	30°	45°	60°	75°	80°
n_Y	1	1.04	1.16	1.41	2	3.84	5.76

然而实际飞行中,由于受到飞机结构强度、发动机推力和机翼临界迎角的限制,飞机能够产生的升力是有限的,所以飞机转弯的最大坡度也是有限制的。一般运输机正常盘旋的最大坡度角为 30°～40°,飞机升力为重力的 1.16～1.31 倍。

飞行中,飞行员和飞机连成一体运动,飞行员和飞机都具有同样的加速度,也必然承受同样的载荷因数。平飞中,飞行员承受的压力与自身重力平衡,飞行员感到的压力就是他的体重。当载荷因数大于 1 时,飞行员身体与座椅间的压力增大,形成所谓"超重"现象。从平飞推杆进入俯冲时,载荷因数减小。此时,飞行员与座椅之间的压力小于体重,容易从座椅上腾起,这就是所谓"失重"现象。

5.3　盘旋性能

和盘旋相关的性能参数包括盘旋速度、盘旋所需拉力和功率、盘旋半径、盘旋时间、盘旋角速度等。

5.3.1　盘旋所需速度

保持盘旋高度不变,升力垂直分量平衡飞机重力所需要的速度称为盘旋所需速度。根据盘旋运动方程,已知 $W = L \cos \gamma$,而盘旋时升力 $L = C_L \frac{1}{2} \rho v^2 S$,所以盘旋所需速度 v 为

$$v = \sqrt{\frac{2W}{C_L \rho S \cos \gamma}} = v_{平飞} \frac{1}{\sqrt{\cos \gamma}} = v_{平飞} \sqrt{n_Y} \qquad (5-4)$$

由式(5-4)可以看出,盘旋所需速度,除取决于飞机重量、空气密度、升力系数外,还取决于盘旋坡度的大小,是平飞所需速度的 $\sqrt{n_Y}$ 倍。盘旋中的载荷因数始终大于 1,因此盘旋所需速度大于同一迎角下的平飞所需速度。盘旋坡度越大,同样迎角下,盘旋所需速度也越大,

5.3.2　盘旋所需拉力和功率

保持盘旋速度不变所需的拉力称为盘旋所需拉力。盘旋时所需拉力应等于盘旋时的阻力,即

$$P = D = C_D \frac{1}{2} \rho v^2 S$$

而盘旋所需速度 $v = v_{平飞} \sqrt{n_Y}$,故

$$P = C_D \frac{1}{2} \rho v_{平飞}^2 n_Y = P n_Y \qquad (5-5)$$

同一架飞机,在高度和迎角不变的情况下,盘旋所需拉力是平飞所需拉力的 n_Y 倍。盘旋中的载荷因数始终大于 1,因此盘旋所需拉力大于同一迎角下的平飞所需拉力。同一迎角下,盘旋坡度越大,盘旋所需拉力也越大。

盘旋所需功率就是盘旋所需拉力与盘旋所需速度的乘积,即进行盘旋所需拉力每秒所做的功,表示为

$$N = P v = P_{平飞} \sqrt{n_Y^3} \qquad (5-6)$$

同一架飞机,在高度和迎角不变的情况下,盘旋所需功率是平飞所需功率的 $\sqrt{n_Y^3}$ 倍,比平飞所需功率大得多。

总之,盘旋坡度越大,载荷因数越大,盘旋所需速度、拉力和功率也越大。所以,飞机的可用拉力或功率和飞机允许的载荷因数就限制了飞机盘旋的最大坡度。

5.3.3　盘旋半径、盘旋时间和盘旋角速度

飞机完成转弯所需半径长度为转弯半径,从转弯运动受力方程可知,转弯半径为

$$r = m \frac{v^2}{L \sin \gamma} = \frac{W}{g} \cdot \frac{v^2}{L \sin \gamma}$$

而 $W = L \cos \gamma$,则

$$r = \frac{v^2}{g \tan \gamma} \qquad (5-7)$$

盘旋一周的时间等于盘旋一周的周长与盘旋速度之比,即

$$t = \frac{2\pi r}{v} = \frac{2\pi}{g} \cdot \frac{v}{\tan \gamma} \qquad (5-8)$$

转弯角速度就是单位时间内转过的角度,表示飞机转的快慢,即

$$\omega = \frac{2\pi}{T} = \frac{g \cdot tg\gamma}{v} \qquad (5-9)$$

由式(5-7)~式(5-9)可知,当速度一定时,坡度越大,盘旋半径越小,盘旋时间越短,盘旋角速度越大。高转弯速率和小转弯半径可以得到最好的转弯特性,但同时载荷因数增大。当盘旋坡度一定时,盘旋速度越大,盘旋半径越大,盘旋时间越长,盘旋角速度越小。若要降低空速,可以减小盘旋半径和增大盘旋角速度,转弯特性提高,但是载荷因数不会增大。在给定的坡度下,低速飞机和高速飞机相比可以在很少的时间内及很小的区域内完成转弯。

对任何飞机,只要盘旋速度和坡度相同,盘旋半径、盘旋时间和盘旋角速度也相同。在进行协调转弯时,空速的增加会增加转弯半径并降低转弯角速度,由于坡度是不变的,所以飞机的载荷因数也不会变。任何空速下给定的坡度角对应的载荷因数都一样。

在实际飞行中,空管部门常常要求不同类型飞机必须在相同时间内完成360°转弯,不同飞机盘旋的角速度必须相同,规定以 3 °/s 进行转弯时的速率称为标准转弯速率。各型飞机以标准转弯速率盘旋一周所需的时间为 2 min。由于转弯侧滑仪测量的是转弯角速度,它可以很好地用于标准速率转弯。仪表上都明确标有标准转弯速率,如图 5.2 所示。在转弯中只需要将转弯侧滑仪上小飞机翼尖始终对准标准转

标准转弯速率

图 5.2 转弯测滑仪

弯速率即可。这对和地面没有视觉接触的飞行员非常有帮助,对空中交通管制员希望保持飞机间安全间隔也很有帮助。根据转弯时间的长短,飞行员可以选择改变转弯的方向。

5.3.4 盘旋限制

飞机的极限盘旋能力是由多方面因素所限制的,归纳起来可分为 3 类,有发动机推力、飞机临界迎角、飞机结构强度和刚度。

1. 飞机结构强度限制

盘旋坡度越大,盘旋半径和时间就越小,飞机的载荷因数就越大,但飞机的最大载荷因数是设计时就预定好的,最大载荷因数对应一个最大盘旋坡度,飞行中盘旋坡度不能超过这个值。对于民航客机来说,使用最大盘旋坡度盘旋不但使旅客的舒适性降低,而且在正常飞行状态下也无必要。

2. 失速速度限制

转弯时的失速速度是平飞时失速速度的 $\sqrt{n_Y}$ 倍,如果飞行员以水平飞行失速速

度的两倍来进行转弯,当速度增大到原来的两倍时,在失速之前,飞机必须承受的载荷变为原来的 4 倍。这表明,最高转弯性能是在恰好避免失速的坡度角和相应的机翼过载下实现的。

3. 发动机功率限制

飞机转弯坡度越大,飞机过载越大,诱导功率和诱导阻力与过载平方成比例增加。例如,飞机转弯时过载为 4,诱导功率会变为原来的 16 倍,这种情况下,发动机功率不足以完成。

即使飞机的强度再高,如果发动机功率不足,也将使极限转弯范围减小。

5.4 转弯中的侧滑与盘舵协调

飞机的对称面和相对气流不一致的飞行称为侧滑。飞机带有侧滑时,空气从飞机侧方吹来,相对气流和飞机对称面之间的夹角称为侧滑角,用 β 表示。空气从左方吹来称为左侧滑,从右侧方吹来称为右侧滑。飞机带有侧滑,会引起作用于飞机的力和力矩发生变化,而使飞机偏离预定的飞行状态,使飞机空气动力性能下降,所以在一般情况下应避免飞机产生侧滑。

飞机形成侧滑的原因有两个:

1. 飞行对称面偏离飞行轨迹

飞行中由于飞机对称面偏离飞行轨迹造成的侧滑,从操纵上来讲主要是飞行员只蹬舵造成的。

例如,在稳定的飞行中,飞行员只蹬左舵,使机头向左偏转,最初飞机轨迹是保持原方向的,飞机对称面就偏离飞行轨迹,出现右侧滑。侧滑出现后,垂尾侧力产生使机头向右偏的方向稳定力矩。同时,侧滑前翼升力大于侧滑后翼,形成使飞机左滚的横侧稳定力矩,升力水平分量作为向心力,使飞机进入带右侧滑的左转弯下降,如图 5.3(b)所示。这种向转弯反方向的侧滑称为外侧滑。

2. 飞行轨迹偏离飞机的对称面

飞行中由于飞行轨迹偏离飞机的对称面而造成的侧滑,从操纵上讲主要是飞行员只压盘或压盘过多所引起。

例如,在稳定的直线平飞中,飞行员只向左压盘,则飞机向左倾斜,升力的水平分力使飞机向左侧移。飞行轨迹偏离对称面,形成左侧滑。出现侧滑后,方向稳定力矩使机头向左偏,两翼升力差形成的横侧稳定力矩力图平衡压盘产生的横侧操纵力矩。飞机进入带左侧滑的左转弯下降,如图 5.3(a)所示。这种向转弯方向的侧滑,称为内侧滑。

可见,飞行员只蹬舵会形成外侧滑,只压盘会形成内侧滑,转弯时不能只蹬舵或只压盘,必须盘舵协调才不会出现侧滑。盘旋中,盘的作用是使飞机带坡度,让升力的水平分力形成转弯的向心力,舵的作用是使飞机不产生侧滑。

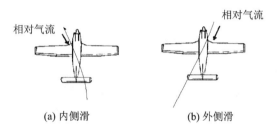

(a) 内侧滑   (b) 外侧滑

图 5.3   内侧滑与外侧滑

5.5   盘旋的操纵原理

盘旋可分为进入、稳定旋转和改出 3 个阶段。在进入盘旋阶段,飞机坡度逐渐增大;在稳定盘旋阶段,坡度保持不变;而在改出阶段,坡度又逐渐减小。飞行员应根据不同阶段的特点来操纵飞机,才能做好盘旋,下面就按进入、稳定旋转和改出 3 个阶段来分析盘旋的操纵原理。

5.5.1   进入盘旋的操纵原理

从平飞进入盘旋,所需升力增大。这可通过增大迎角和增加速度来实现。仅带杆来增加迎角,可能使盘旋迎角增大较多,导致飞机失速。因此,为了盘旋中的迎角不至于过大,实际中增大升力是通过同时增大迎角和速度的方法来实现的。

因此,进入前须适当加大油门,增大拉力,以增大盘旋所需速度及升力。

加油门达到规定速度时,可手脚一致地向盘旋方向压杆、蹬舵。压杆是使飞机倾斜产生坡度和向心力,以使飞机做曲线运动。蹬舵为了使飞机产生绕立轴偏转的角速度,改变原来飞行方向,避免产生侧滑。

随着坡度的增大,升力的垂直分量减小,不能平衡飞机重力,所以为保持高度不变,这时须适当向后带杆来增大迎角,以增加升力。坡度和升力的增大,进而使盘旋的向心力增大,所以要继续向盘旋方向蹬舵以防止出现侧滑。

飞机到达预定坡度以前,应及时提前回杆至中立位置,同时稍回舵。回杆是使飞机绕纵轴旋转角速度在横侧阻尼力矩的作用下逐渐消失的,以保持规定的盘旋坡度。稍回舵是为了在进入盘旋时使飞机加速偏转,使方向操纵力矩大于方向阻尼力矩和因副翼偏转导致两翼阻力差而形成的反向偏转力矩。当飞机达到预定坡度杆回中立后,副翼已回平,副翼所引起的反向偏转力矩随之消失。所以,要回一点舵,以使其所产生的方向操纵力矩,继续平衡因外翼的圆周线速度大所引起的方向阻尼力矩,并避免盘旋中产生侧滑。因此,舵量比进入时小些。

综上所述,盘旋进入阶段的操纵原理是加油门、顶杆,增大飞行速度至规定值,而后手脚一致地向进入方向压盘蹬舵,同时逐渐带杆来增大迎角以保持高度,达到预定坡度前，回盘回舵。

5.5.2　稳定盘旋阶段的操纵原理

进入盘旋阶段，如果飞机的坡度、迎角增加适当，油门也符合要求，飞机就有条件保持稳定盘旋，但是操纵动作不可能在任何时候都做得绝对准确，这就需要飞行员及时发现和修正各种偏差。在稳定盘旋阶段，经常出现的偏差就是高度、速度保持不好，以下就着重分析如何保持高度和速度。

1. 保持高度

盘旋中，保持好坡度是保持高度的重要条件。坡度大则会降低高度，坡度小则会增加高度。盘旋中，飞机外翼相对气流速度大，升力较大；相反，内翼升力较小。升力差形成的飞机的滚转力矩力图使盘旋坡度增大。

为保持住预定的盘旋坡度，需要向盘旋的反方向稍压杆。另外，应适当带杆以保持高度。例如，带杆过多，则会造成迎角大，飞机高度增加；带杆太少则迎角小、升力小，飞行高度降低。

2. 保持速度

盘旋中，正确使用油门是保持好速度的主要环节。例如，进入盘旋时加油门过大，则盘旋速度大；加油门太少，又会使盘旋速度小。因此，还要在盘旋中适当运用油门。

只要杆、舵、油门的操纵动作适当，保持好飞机的坡度、速度、高度，则盘旋半径就会保持不变。

3. 盘旋中的盘舵量

如图 5.4 所示，盘旋中，飞机围绕盘旋中心旋转。两翼相对气流速度不同，外翼经过的路程长，相对气流速度较大；内翼经过的路程短，相对气流速度较小。以小坡度盘旋时，盘旋半径较大，外翼升力大于内翼升力，加上作用在两机翼上的惯性力力矩有使飞机坡度减小的趋势，为保持所需坡度，盘一般位于中立位置附近；中坡度和大坡度盘旋时，盘旋半径较小，外翼升力大于内翼升力，飞机有自动加大坡度的趋势，须反方向压盘修正。综上所述，小坡度盘旋时，盘一般在中立位置；大坡度盘旋时，压反盘的量增大，以保持坡度。

盘旋时，内侧的副翼上偏，外侧副翼下偏，外翼升力大于内翼升力，外侧副翼比内侧副翼产生的阻力更大，这将使飞机有向转弯外侧偏转的趋势，称之为逆偏转。在压坡度转弯或改平时，应协调地使用副翼和方向舵来修正逆偏转。例如，飞机左转弯时，在向左压坡度的同时，应向左蹬舵。完成转弯后，应松开施加在副翼和方向舵上的压力，使操纵处于中立状态。

中小坡度盘旋时，蹬舵量并不大；大坡度盘旋时，向盘旋方向的蹬舵量应加大。舵量的大小应以保持没有侧滑为准。飞机在盘旋中，如杆舵配合不当，便会使飞机产生侧滑；如蹬舵过多，会使飞机产生外侧滑；如压杆过多、坡度过大，会使飞机产生内侧滑。盘旋中带侧滑会使飞机高度降低。

　　综上所述,盘旋中的基本操纵方法是用杆保持好坡度和高度,用舵保持飞机不带侧滑,用油门保持速度。杆、舵、油门三者正确配合是做好盘旋的关键。

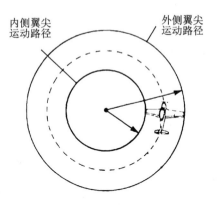

内侧翼尖
运动路径

外侧翼尖
运动路径

图 5.4　盘旋中两侧机翼的速度不同

5.5.3　改出阶段的操纵原理

　　在改出阶段,向盘旋反方向压杆,以改平坡度,消除向心力;同时向盘旋的反方向蹬舵,以制止飞机继续绕立轴旋转,并避免产生侧滑。当飞机接近平飞状态时,杆舵回到中立位置,同时减小油门,保持平飞高度不变。

　　盘旋的改出动作要在飞机对准预定方向前,提前一个角度开始进行,改出后飞机才能对正目标。盘旋时的坡度越大,改出的过程越长,改出时需要的提前角度也就越大。

5.6　侧滑对盘旋的影响

　　当舵量与盘量不协调时,飞机就会出现侧滑,侧滑将引起飞机上的力和力矩发生变化,使飞机偏离预定的飞行状态,如图 5.5 所示。

　　例如,盘旋中坡度正常,蹬舵过少会产生内侧滑,飞机则向盘旋方向的外侧偏离,产生向外的侧力。其垂直分力将使盘旋高度增加,水平分力使盘旋半径增大。同时,内侧滑还会引起内翼升力增大,外翼升力减小,侧滑导致的两翼升力差促使飞机坡度减小。进一步使盘旋高度增加,盘旋半径增大。内侧滑时,离心力 F 小于升力的水平分量,侧滑仪小球因惯性离心力减小而偏向玻璃球的内侧,即表示飞机带有内侧滑,如图 5.5(a)所示。

　　盘旋中坡度正常,蹬舵过多会产生外侧滑,飞机会向盘旋方向的内侧偏离,产生向内的侧力,侧力的垂直分量使盘旋高度降低,侧力的水平分力使盘旋半径减小,同时,外侧滑还会引起外翼升力增大,内翼升力减小,促使飞机坡度增大,进一步使盘旋高度降低,盘旋半径减小。外侧滑时,离心力 F 大于升力的水平分量,侧滑仪小球因惯性离心力增大而滚向玻璃球的外侧,即表示飞机带有外侧滑,如图 5.5(b)所示。

盘旋中,如发现侧滑仪小球不在中央,飞机带有侧滑时,应先检查坡度是否正确,如果坡度正常,飞机仍带有侧滑,应在坡度正确的前提下修正侧滑,向侧滑仪小球偏转一侧蹬舵,使侧滑仪小球回到中央位置,从而消除侧滑。

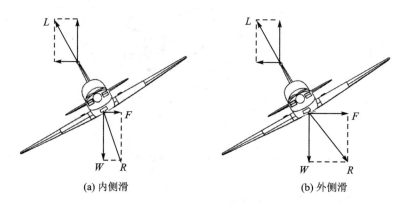

(a) 内侧滑 (b) 外侧滑

图 5.5　侧滑对盘旋的影响

思考题

5-1　解释下列术语:
①载荷因数;②内侧滑;③外侧滑。

5-2　飞机盘旋的载荷因数与坡度有何关系?

5-3　盘旋半径、盘旋时间与盘旋速度、盘旋坡度之间的关系是怎样的?

5-4　简述侧滑的种类以及产生的原因。

5-5　简述盘旋的各阶段的操纵原理。

第6章　起飞和着陆

飞机的每次飞行,不论飞什么科目,也不论飞多高、飞多久,总是以起飞开始、以着陆结束。飞机的起飞、降落是任何飞行科目不可缺少的两个重要环节。同时起飞和着陆阶段的飞行事故率最高,所以首先需要掌握起飞和着陆的技术。

飞机的起飞和着陆是两个重要的飞行状态,起飞、着陆性能的好坏有时甚至会影响飞机能否顺利完成正常的飞行任务。本章重点阐述起飞、着陆的有关原理,同时讨论起飞和着陆性能以及影响起飞、着陆性能的因素,飞行员必须熟悉所有影响飞机起飞和着陆性能变化的因素,在飞机起飞、着陆阶段必须努力做到准确而专业的操纵。

6.1　滑　行

飞机不超过规定的速度,在地面所做的直线或曲线运动称为滑行。

1. 滑行中作用于飞机的力

滑行中作用于飞机的力有拉力或推力 P、机轮摩擦力 f、飞机重力 W、地面反作用力 F_N、升力 L、阻力 D,如图 6.1 所示。飞机在滑行时,速度很小,所以升力和阻力可忽略不计,则飞机重力和地面反作用力始终平衡,这时对滑行速度起决定作用的只有拉力和机轮摩擦力。当机轮拉力大于摩擦力时,飞机滑行速度加快;反之,滑行速度减慢。因此,飞行员可操纵油门和刹车来改变拉力和摩擦力,以改变或保持滑行速度。

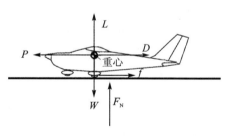

图 6.1　飞机滑行时的受力情况

2. 直线滑行

滑行的基本要求是飞机平稳地开始滑行,滑行中保持好速度和方向,并使飞机能停止在预定的位置。

滑行前,须注意检查飞机周围以及沿滑行道周围任何物体的移动情况,观察其他正在起飞、着陆和滑行的飞机,这是确保安全的基础。飞机从静止开始移动,拉力或推力必须大于最大静摩擦力,故飞机开始滑行时应适当加大油门。飞机开始移动后,摩擦力减小,则应适量减小油门,以防加速太快,保持起滑平稳。滑行中,如果要增大滑行速度,应柔和地加大油门,使拉力或推力大于摩擦力,产生加速度,使速度增大;要减小滑行速度,则应收小油门,必要时,可使用刹车。

  飞机在直线滑行中,外界扰动会使飞机滑行方向发生偏转,这时机轮上会产生侧向摩擦力。前三点式飞机在直线滑行中,当飞机受扰偏转时,由于主轮位于重心之后,所以主轮产生的侧向摩擦力 $f_主$ 对重心产生的力矩能制止飞机偏转,起到方向稳定作用;前轮产生的侧向摩擦力 $f_前$ 对重心产生的力矩会加速飞机的偏转,起到方向不稳定作用,但是由于主轮产生的力矩大于前轮产生的力矩,所以飞机容易保持滑行方向。也就是说,前三点式飞机在直线滑行中具有方向稳定性,能自动修正偏离。前三点式飞机直线滑行时受扰动后的受力情况如图 6.2 所示。而后三点式飞机则相反,在直线滑行中受扰偏转时,侧向摩擦力形成不稳定力矩,加速飞机的偏转,方向难以保持。为了保持滑行方向,后三点式飞机应抱紧杆,利用升降舵上偏产生的向下的气动力,迫使尾轮压紧地面,增大尾轮侧向摩擦力,防止机头偏转。如果发现飞机偏转,应及时向偏转的反方向蹬舵修正。

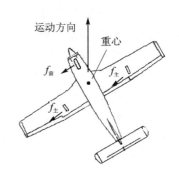

图 6.2　前三点式飞机直线滑行时受扰动后的受力情况

3. 滑行转弯

  停机坪到跑道头的滑行一般都要经历滑行转弯。对前轮可偏转的前三点式飞机来说,可以通过偏转前轮产生的偏转力矩进行转弯;对于前轮不可偏转的前三点式或后三点式的飞机,可采用脚蹬舵和差动刹车来实现飞机在地面转弯。前三点式飞机一般可采用脚蹬舵来进行滑行转弯。例如,要使飞机向右滑行转弯,飞行员蹬右舵,传动机构可使方向舵向右偏转。方向舵产生一个方向向左的附加力,这个附加力与重心共同作用产生使飞机向右偏航的力矩,飞机滑行方向向右偏转。操纵飞机向左转弯则相反,但原理一样。

  采用向转弯方向单刹车的方法也可使机头偏转进行转弯。例如,滑行中只踩左刹车,左主轮摩擦力大于右主轮摩擦力,形成左偏力矩,使飞机向左转弯,使用单刹车转弯,内侧主轮除承受侧向摩擦力外,还要承受因刹车而增加的后向摩擦力,速度越大,转弯半径越小,则内侧主轮承受的载荷越大,所以禁止使用单刹车进行大速度小半径的转弯。

4. 影响滑行转弯半径的因素

  从力学原理可知,滑行转弯半径的大小取决于滑行速度和向心力的大小。滑行速度一定时,向心力越大,转弯半径越小;向心力一定时,滑行速度越小,转弯半径越小。

  转弯半径越小,前轮和主轮上产生的侧向摩擦力越大,这样一方面会加剧轮胎的磨损,另一方面,机轮上的侧向摩擦力还会对起落架支柱连接点形成很大的侧向力矩。当摩擦力和力矩达到一定程度时,会使轮胎破损,或使起落架支柱变形甚至折断,为此各型飞机都规定有最小转弯半径。不管用何种方式转弯,都应避免小半径转弯。

前三点式飞机一般用脚蹬舵操纵前轮偏转进入转弯。前轮偏转产生的侧向摩擦力和主轮的侧向摩擦力一起,构成滑行转弯的向心力。向转弯方向单刹车和不对称拉力可以进行辅助转弯。

6.2　起　飞

飞机在跑道上从开始滑跑到离开地面、升到安全高度且速度达到起飞安全速度的运动过程称为起飞。我国规定安全高度为 25 m,英、美等国规定为 15 m(50 ft)或 10 m(35 ft)。飞机在起飞阶段飞行高度很低,遇有特殊情况时回旋余地很小,且近地面常有风切变,因此,飞行事故常见于起飞阶段。对于驾驶员来说,熟练掌握起飞技术是飞行训练的重要科目之一。

C919 起飞

飞机起飞前,必须确保发动机处于正常工作状态;襟翼和配平设置于起飞位;高度表设定正确,变距杆和混合比杆均置于最前位;得到塔台许可后进入跑道,然后将飞机对准跑道方向,摆正机轮,准备起飞。

6.2.1　飞机起飞的操纵原理

飞机从地面滑跑到离地升空,是由于升力不断增大至大于飞机重力的结果。而只有当飞机速度增大到一定数值时,才可能产生足以支持飞机重力的升力。可见飞机的起飞是一个速度不断增加的加速过程。

活塞式螺旋桨飞机的起飞过程一般可分为起飞滑跑、抬前轮离地、小角度上升(或一段平飞)和上升 4 个阶段。对有足够剩余拉力的螺旋桨飞机,或有足够剩余推力的喷气式飞机,可使飞机加速并上升,故起飞一般只分 3 个阶段,即起飞滑跑、离地和上升,如图 6.3 所示。

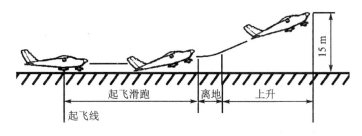

图 6.3　飞机起飞过程

1. 起飞滑跑

起飞滑跑的目的是为了增大飞机的速度,直到获得离地速度。因此此阶段的主要问题是如何使飞机尽快加速和保持好滑跑方向。飞机滑跑时作用于飞机的力如图 6.1 所示。

从图中可写出飞机滑跑时的运动方程式,为

$$\begin{cases} \dfrac{W}{g}a = P - (D + F) \\ N = W - L \end{cases} \qquad (6-1)$$

其中,a 为加速度,g 取 $9.8 \ \text{m/s}^2$。

为了使飞机滑跑距离最短,必须给飞机最大的加速力,飞机的加速力为拉力与飞机总阻力之差,即剩余拉力,剩余拉力的表示式为

$$\Delta P = P - [D + \mu(W - L)] \qquad (6-2)$$

式中,μ 为摩擦系数。

滑跑过程中,速度不断增加,作用于飞机的各力都在不断地变化,总的加速力随着滑跑速度的增大而减小。因为随着滑跑速度的增大,飞机的升力和阻力都增大,升力增大,飞机与地面的垂直作用力减小,导致地面摩擦力减小。对于螺旋桨飞机,虽然总阻力变化不大,但螺旋桨的拉力不断减小,导致剩余拉力不断减小,所以飞机的加速度不断减小。

由以上分析可知,拉力或推力越大,剩余拉力或剩余推力也越大,飞机增速就越快。起飞中,为尽快增速,应把油门推到最大位置,使用最大拉力(即满油门)起飞。

对螺旋桨飞机而言,起飞滑跑中引起飞机偏转的主要原因是螺旋桨的副作用。起飞滑跑中,螺旋桨的反作用力矩力图使飞机向螺旋桨旋转的反方向倾斜,造成两主轮对地面的作用力不等,从而使两主轮的摩擦力不等,两主轮摩擦力之差对重心产生偏转力矩。螺旋桨滑流作用在垂直尾翼上也会产生偏转力矩。前三点式飞机抬前轮时和后三点式飞机抬尾轮时,螺旋桨的进动作用也会使飞机产生偏转。加减油门和推拉驾驶杆的动作越剧烈,螺旋桨副作用影响越大。为减轻螺旋桨副作用的影响,加油门和推拉驾驶杆的动作应柔和、适当。滑跑前段,因舵的效用差,一般可用偏转前轮和刹车的方法来保持滑跑方向。滑跑后段应用舵来保持滑跑方向。随着滑跑速度的不断增大,方向舵的效用不断提高,就应当回舵,以保持滑跑方向。喷气飞机起飞滑跑方向容易保持,其原因一是喷气飞机都是前三点式飞机,而它在滑跑中具有较好的方向稳定性,二是没有螺旋桨副作用的影响,所以在加油门和抬前轮时,飞机不会产生偏转。

为了在起飞滑跑过程中保持方向,应根据机头和前方目标的相对运动及时发现和修正偏差,用舵修正方向时,注意舵量不宜过大。

从以上分析可知,飞机起飞滑跑的操纵方法是飞机对正跑道后,松刹车,柔和、连续地加油门至最大位置,用盘舵保持滑跑方向,随滑跑速度的增加,盘舵效能增强,盘舵量须适当减小。

2. 抬前轮离地

前三点式飞机的停机角比较小,如果在整个起飞滑跑阶段都保持三点姿态滑跑,

则迎角和升力系数较小,必然要将速度增大到很大才能产生足够的升力使飞机离地,这样滑跑距离势必很长。因此,为了减小离地速度,缩短滑跑距离,当速度增大到一定程度时就需要柔和、一致地向后带杆抬起前轮做两点姿态滑跑,以增大迎角和升力系数,缩短滑跑距离。

抬前轮过程中,迎角增加,升力增加,飞机有继续上仰的趋势,因此在接近预定俯仰姿态时,应向前回杆,以使飞机保持在规定的离地姿态。离地姿态是通过机头与天地线的相对高低位置,并结合地平仪来判断的。抬起前轮后,继续保持姿态,飞机经过短暂的两点滑跑加速到离地速度,升力稍大于重力,即自动离地。机轮离地后,机轮摩擦力消失,地面效应减弱,飞机有上仰趋势,此时应向前推杆以保持俯仰姿态。

抬前轮的时机不宜过早或过晚。抬前轮过早,速度还小,升力和阻力都小,形成的上仰力矩也小。要抬起前轮,必须使水平尾翼产生较大的上仰力矩,但在小速度情况下,水平尾翼产生的附加空气动力也小,要产生足够的上仰力矩就需要多拉杆。结果,随着滑跑速度增大,上仰力矩又将迅速增大,飞行员要保持抬前轮的平衡状态,势必又要用较大的操纵量进行往复修正,给操纵带来困难。同时,抬前轮过早,使飞机阻力增大而增长起飞距离。如果抬前轮过晚,不仅使滑跑距离增大,而且还由于抬前轮到离地的时间很短,飞行员不易修正前轮抬起的高度而保持适当的离地迎角,甚至容易使升力突增很多而造成飞机猛然离地。各型飞机抬前轮的速度均有其具体规定,应严格按照手册中规定的抬前轮速度拉杆。

前轮抬起的高度应保持飞机离地所需的迎角。前轮抬起过低,势必使迎角和升力系数过小,离地速度增大,滑跑距离增长;前轮抬起过高,滑跑距离虽可缩短,但因飞机阻力大,起飞距离将增大,而且迎角和升力系数过大,又势必造成大迎角、小速度离地。离地后,飞机的稳定性差,操纵性也不好。仰角过大,还可能造成机尾擦地。从既要保证安全又要缩短滑跑距离的要求出发,各型飞机前轮抬起的高度都有具体规定。飞行员可从飞机上的俯仰指示器或从机头与天地线的位置关系来判断前轮抬起的高度是否适当。

抬前轮的操纵方法是当滑跑速度增加到抬轮速度 v_R 时,柔和、一致地向后带杆,在接近预定姿态时,应回杆保持姿态,待飞机自动离地。飞机离地后,机轮摩擦力消失,飞机有上仰趋势,应回杆保持姿态。

3. 上 升

当速度增大到一定值时,升力稍大于重力,飞机即可离地。此时升力大于重力,拉力或推力大于阻力。

飞机刚离地时,不宜用较大的上升角上升。上升角过大,会影响飞机增速,甚至危及安全。为了减小阻力,便于增速,飞机离地后,在一般不低于 5 m 高度处收起落架。收起落架时机不可过早或过晚。过早,飞机离地太近,如果飞机有下俯,就可能重新接地,危及安全;过晚,速度太大,起落架产生的阻力很大,不易增速,还可能造成起落架收不好。在小角度上升中,特别要防止出现坡度,因为这时飞行高度低,飞机如有坡度,就会向下侧滑而可能使飞机撞地。因此发现飞机有坡度时应及时纠正。当速度增加到规定值时,应柔和带杆使飞机转入稳定上升,上升到规定高度时起飞阶段结束。在 15 m(50 ft)处飞机加速至大于起飞安全速度 v_2。继续上升至规定高度时,再调整构型和功率。

综上所述,一般飞机的起飞过程包括三个阶段:地面滑跑、离地和加速爬升。飞机先滑行到起飞线上,刹住机轮,襟翼放到起飞位置,并使发动机转速增加到最大值,然后松开刹车,飞机在推力作用下开始加速滑跑。当滑跑速度达到一定值时,驾驶员向后拉驾驶杆,抬起前轮,增大迎角。此后,飞机只用两个主轮继续滑跑,机翼的升力随着滑跑速度的增加而增大,当其值等于飞机的重量时,飞机便离开地面,加速爬升。上升到 10~15 m 高度时收起起落架,上升到 25 m 高度后起飞阶段结束。

6.2.2　起飞性能

起飞性能主要包括离地速度、起飞滑跑距离和起飞距离。

1. 离地速度

起飞滑跑时,当升力正好等于重力时的瞬时速度称为离地速度 v_{LOF}。

达到离地速度时,升力等于重力,即

$$L = C_{L,LOF} \frac{1}{2} \rho \, v_{LOF}^2 S = W$$

由此得

$$v_{LOF} = \sqrt{\frac{2W}{C_{L,LOF} \rho S}} \qquad (6-3)$$

由式(6-3)可见,起飞离地速度的大小与飞机重量成正比,与离地时的升力系数、空气密度成反比。飞机重量越大,空气密度越小或离地时的升力系数越小,则离地速度就越大。

离地时升力系数的大小取决于离地迎角和襟翼位置,离地迎角增大、放襟翼起飞都使离地速度减小。空气密度与机场标高有关,同一机场,空气密度又与大气温度、大气压力有关。保持同一表速抬前轮,当机场高度和气温增加时,将使离地真速增大。起飞离地时,为了避免失速,规定的离地速度要大于失速速度的 $10\% \sim 15\%$。起飞离地速度越小,起飞就越安全。

2. 抬前轮速度

抬前轮速度 v_R 是从三点滑跑转变为起飞姿态的开始速度,通常满足

$$v_R \geqslant v_1, \quad v_R \geqslant 1.05 v_{MCA}$$

其中,v_1 为起飞决断速度,v_{MCA} 为空中最小操纵速度。

3. 起飞安全速度

起飞安全速度 v_2 是飞机达到高于起飞表面 15 m(50 ft)时,必须达到的最小速度。

对于正常类、实用类和特技类的单发飞机,FAR(联邦航空条例)23.53 规定,起飞安全速度必须不小于 $1.2\,v_s$ 起飞构形状态的失速速度。飞机在 15 m(50 ft)达到起飞安全速度,就能保证飞机在正常起飞时具有足够的安全裕度进行必要的机动,如对侧风进行修正。

4. 起飞滑跑距离与起飞距离

起飞滑跑距离 l_{TOR} 指飞机从开始滑跑至离地之间的距离。起飞距离 l_{TO} 指飞机从开始滑跑到离地 15 m(50 ft)高度时速度不小于起飞安全速度所经过的水平距离。飞机起飞距离的长短是衡量起飞性能好坏的重要标志之一。

影响起飞滑跑距离和起飞距离的具体因素有油门位置、离地迎角、襟翼位置、起飞重量、机场标高与气温、跑道表面质量、风向风速、跑道坡度等。这些因素一般都是通过影响离地速度或起飞滑跑的平均加速度来影响起飞滑跑距离的。

① **油门位置**　油门越大,螺旋桨拉力或喷气推力越大,飞机增速越快,起飞滑跑距离和起飞距离越短。所以,一般应用最大功率或最大油门状态起飞。

② **襟翼位置**　放下适当角度襟翼可增大升力系数,减小离地速度,缩短起飞滑跑距离,所以现代运输机起飞都要放下一定角度的襟翼,如图 6.4 所示。但如果放下襟翼角度过大,升力增大的同时阻力会增加更多,升阻比降低,增速慢,飞机升空后上升梯度小,飞机到达 15 m(50 ft)的空中距离增长,越障能力变差。正常起飞时应使用手册中规定的角度放下襟翼起飞。

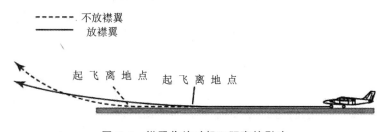

图 6.4　襟翼收放对起飞距离的影响

③ **离地迎角**　离地迎角的大小决定于抬前轮或抬机尾的高度。抬前轮高度高,离地迎角大,离地速度小,起飞滑跑距离短。但离地迎角又不可过大,如过大,不仅会因飞机阻力大而使飞机增速慢,延长滑跑距离,而且升空后安全裕度小,还可导致擦机尾,会直接危及飞行安全。因此,从既要保证飞行安全又要使滑跑距离短的要求出发,各型飞机一般都规定最有利的离地迎角值。

④ **起飞重量**　起飞重量是影响起飞滑跑距离和起飞距离的最重要因素。如图 6.5 所示,起飞重量增大,不仅使飞机离地速度增大,加速度降低,而且会引起机轮摩擦力增加,使飞机不易加速,起飞距离增加。

起飞重量对起飞距离的影响是比较大的,在计算飞机的起飞距离时必须充分考虑这个因素。飞机的实际起飞重量不能超过允许的最大起飞重量。

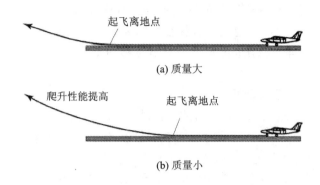

图 6.5　质量对起飞距离的影响

　　⑤ **机场标高与气温**　机场标高或气温升高都会使空气密度减小。空气密度减小一方面使发动机的功率减小,发动机拉力或推力减小,加速力减小,飞机加速慢;另一方面,离地真速增大(离地表速不变),因此起飞滑跑距离必然增大。所以在炎热的高原机场起飞,滑跑距离显著增长,如图 6.6 所示。

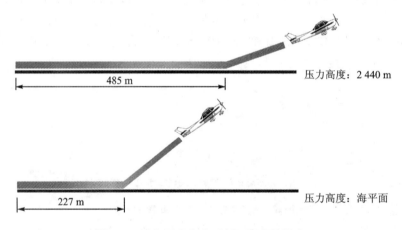

图 6.6　机场压力高度对起飞距离的影响

　　⑥ **跑道表面质量**　跑道表面质量的摩擦系数不同,滑跑距离也不同。跑道表面如果光滑、平坦而坚实,则摩擦系数小,摩擦力小,飞机增速快,起飞滑跑距离短;跑道表面粗糙不平或松软,起飞滑跑距离就长。

　　⑦ **风向风速**　起飞滑跑时,为了产生足够的升力使飞机离地,不论有风或无风,离地空速是一定的。但滑跑距离只与地速有关。逆风滑跑时,离地地速小,所以起飞滑跑距离比无风时短;顺风滑跑时,离地地速大,起飞滑跑距离比无风时长。因此,风对起飞距离的影响是很大的,在预测起飞距离时必须充分考虑。逆风使飞机能够以较低的地面速度达到升空速度,而顺风则要求飞机获得更大的地面速度才能达到升空速度。

为起飞空速 10% 的逆风风速会减少约 19% 的起飞距离。然而,为起飞空速 10% 的顺风风速将会增加约 21% 的起飞距离。当逆风速度是起飞速度的 50% 时,起飞距离将大约是无风时起飞距离的 25%(降低了 75%)。

⑧ **跑道坡度**　跑道有坡度时,由于重力沿航迹方向的分力的作用,飞机加速力增大或减小。上坡起飞时,重力的分力会减小飞机的加速力,飞机的起飞滑跑距离和起飞距离会增加;下坡起飞时,重力的分力会增大飞机的加速力,飞机的起飞滑跑距离和起飞距离会减小。

为缩短起飞滑跑距离和起飞距离,飞行员应使用最大油门,放下一定角度襟翼,朝着逆风方向起飞。情况许可时,适当减轻重量或利用下坡起飞,可进一步缩短起飞滑跑距离和起飞距离。

6.2.3　起飞性能图表

对起飞性能的计算有多种方法,有简单的近似计算,有解析积分法,在高速电子计算机出现后又有了数值积分法。但是在实际飞行活动中,飞机的起飞性能一般利用飞机飞行手册中提供的各种图表和曲线来确定,而不必再根据公式计算。

这些图表和曲线给出了在特定起飞程序下,在不同的温度和机场压力高度下,飞机的起飞性能数据。

1. 表格形式的性能图表

表格形式的起飞性能图表如表 6.1 所列。首先确定起飞条件,即起飞质量 901 kg(1 984 lb),起飞襟翼为 10° 等。使用该表时,如果知道起飞机场的 ISA 偏差和机场压力高度,就可得到在这种起飞条件下的起飞滑跑距离和起飞距离。下面举例说明表的使用方法。

表 6.1　起飞性能图表

温度/℃	距离/m	压力高度/m				
		0	610	1 220	1 830	2 440
ISA−20	起飞滑跑距离	134	154	177	206	239
	起飞距离	253	290	336	393	465
ISA	起飞滑跑距离	159	183	212	247	290
	起飞距离	299	345	404	479	575
ISA+20	起飞滑跑距离	188	217	252	294	345
	起飞距离	351	407	482	578	708

起飞条件:离地速度为 58 kn,爬升到 15 m 时飞机的速度为 65 kn,起飞质量为 901 kg,起飞襟翼为 10°

例 1　某机场的压力高度为 1 220 m(4 000 ft),机场温度为 7 ℃,飞机最大起飞质量为 901 kg(1 984 lb),起飞襟翼为 10°,求起飞滑跑距离和起飞距离。

解:① 确定机场的 ISA 偏差。由 ISA 大气条件可知:在 1 220 m(4 000 ft)处, ISA 标准温度为 7 ℃,因此当前机场 ISA 偏差为 ISA+0 ℃;

② 由查表 6.1 得到:起飞滑跑距离为 212 m(695 ft),起飞距离为 404 m (1 325 ft)。

例 2 某机场的压力高度 1 220 m(4 000 ft),机场温度为 11 ℃,飞机最大起飞质量为 901 kg(1 984 lb),起飞襟翼为 10°,求起飞滑跑距离和起飞距离。

解:① 确定机场的 ISA 偏差。由 ISA 大气条件可知:在 1 220 m(4 000 ft)处, ISA 标准温度为 7 ℃,因此当前机场 ISA 偏差为 ISA+4 ℃,表格中没有这栏数据, 需要进行线性插值,拟合出对应 ISA+4℃的两行数据。

② 查表 6.1,在压力高度 1 220 m(4 000 ft),ISA 对应的起飞滑跑距离是 212 m(695 ft), ISA+20 ℃ 对应的滑跑距离是 252 m(825 ft),设 ISA+4 ℃ 对应的起飞滑跑距离是 l_{TOR4},由线性插值得

$$\frac{20-0}{4-0} = \frac{252-212}{l_{TOR4}-212}$$

则

$$l_{TOR4} = 212 + (252-212) \times 4/20 = 220 \text{ m}$$

③ 同理,设 ISA+4 ℃ 对应的起飞距离是 l_{TO4},由线性插值得

$$\frac{20-0}{4-0} = \frac{482-404}{l_{TO4}-404}$$

则

$$l_{TO4} = 404 \text{ m} + (482-404) \times 4/20 \text{ m} = 420 \text{ m}$$

④ 起飞滑跑距离为 220 m,起飞距离为 420 m。

在飞行手册中,这样的表格一般给出几个,每个表格对应一个起飞重量。如果实际起飞重量正好与表格中对应的起飞重量相等,则只须直接使用对应的表格。但是, 如果实际起飞重量与每个表格中对应的起飞重量均不相等,就不能直接使用,需要采用线性插值的方法。将最接近实际起飞重量的两个表格的相应数据进行线性插值, 得到一个新的表格,新的表格与实际起飞重量对应,然后就可以按照前面两个例子来进行处理了。当然,实际处理时,不一定需要算出新表格中的所有数据,只需要将所需行列算出就可以了。

线性插值法广泛应用于性能数据的处理,必须对其加以掌握。

2. 曲线形式的起飞性能图

曲线形式的起飞性能如图 6.7 所示。使用曲线形式的性能图的好处是不需要进行计算,但是它的结果精确程度没有表格形式的高。

例:机场温度为 22 ℃,机场气压高度为 610 m(2 000 ft),起飞质量为 1 180 kg (2 600 lb),逆风 6 kn 起飞,求起飞滑跑距离和起飞距离。

解:① 此曲线分为若干栏,其走线方式是从左到右。图中左下部分室外温度开

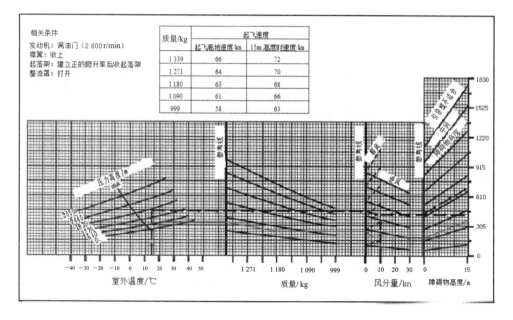

图 6.7　起飞性能图

始,沿 22 ℃向上引直线直到与机场压力高度 610 m(2 000 ft)的高度线相交。

② 从交点水平向右引直线进入质量栏,与标为参考线的直线相交,在沿图中提供的一组提示线按比例偏折,直到与起飞质量为 1180 kg(2 600 lb)处向上引来的直线的相交。

③ 从交点水平向右引直线进入风分量栏,同质量栏的走线一样,经过这一栏的参考线后,沿图中提供的提示线按比例偏折,直到与风速 6 kn 处向上引来的直线相交。这里需要注意的是,这一栏提供的提示线有两组,逆风起飞使用实线,顺风起飞使用虚线。

④ 从交点水平引到最右边进入障碍物高度一栏,障碍物高度为 0 的一条直线同时也标注为参考线,从左边水平过来的直线直接穿过障碍物高度为 0 的线,向右得到的数值即为起飞滑跑距离,本例中得到的起飞滑跑距离为 183 m(600 ft)。

⑤ 如果穿过参考线后沿图中的提示线按比例偏折到与障碍物高度为 15 m(50 ft)的直线处,得到的数值即为起飞距离,本例中得到的起飞距离为 366 m(1 200 ft)。

此外,使用本曲线图,还可以得到起飞离地速度和飞机在 15 m(50 ft)处的速度。在质量一栏中,得到两条线的交点后,垂直向下进入速度一栏,按提示线比例偏折,就可以得到起飞离地速度和 15 m(50 ft)处的速度。

6.3　着　陆

飞机以 3°下降角,从安全高度 15 m(50 ft)处下降,并降落到地面滑跑直至完全停止运动的整个过程称为着陆。

6.3.1 飞机着陆的操纵原理

与起飞相反,着陆是飞机高度不断降低、速度不断减小的运动过程。小型飞机着陆前,飞行员应确保飞机状态处于正常的着陆状态,即襟翼于着陆位(通常为放全襟翼),起落架处于放下位,变距杆与混合比杆置于最前位。飞机从一定高度做着陆下降时,发动机处于慢车工作状态,即一般采用带小油门下降的方法下降。飞行高度降低到接近地面时,必须在一定高度上开始后拉驾驶杆,使飞机由下降转入平飘,这就是所谓"拉平"。飞机拉平后,速度仍然较大,不能立即接地,需要在离地 0.5～1 m 的高度上继续减小速度,这个拉平后继续减小速度的过程,就是平飘。在这个过程中,随着飞行速度的不断减小,飞行员不断后拉驾驶杆以保持升力与重力相等。在离地 0.15～0.25 m 时,将飞机拉成接地所需的迎角,升力稍小于重力,飞机轻柔飘落接地。飞机接地后,还需要滑跑减速直至停止,这个滑跑减速过程就是着陆滑跑。由上可见,飞机着陆过程一般可分为 5 个阶段,包括下降段、拉平段、平飘段、接地和着陆滑跑段,如图 6.8 所示。

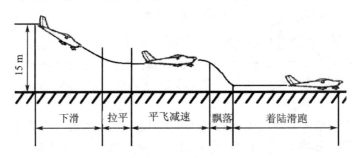

图 6.8　飞机着陆过程

1. 下　降

下降是飞机最后进近的延续。飞机从安全高度下降时,发动机处于慢车工作状态,襟翼打开到最大角度,飞机接近于等速直线下降。目视进近中,一般结合矩形起落航线进行,在五边最后进近段,关键是保持 3° 的下降角和五边下降速度。飞机以 15 m(50 ft)过跑道头,必须将速度调整到 v_{REF},即着陆进场参考速度或称过跑道头速度,v_{REF} 的大小为当前构型飞机失速速度的 1.3 倍。飞机一般是这样设计的,以 v_{REF} 过跑道头,飞行员以正常状态减小功率并拉杆至接地姿态时,速度就是预定的接地速度,因此,如果 15 m(50 ft)处的速度控制不好,就会导致随后的着陆过程发生偏差,使修正量过大,从而着陆困难,飞行员应特别重视 v_{REF} 的确定和应用。

在正常着陆中,v_{REF} 的大小由飞机的着陆重量和襟翼位置决定,着陆重量越大,着陆进场参考速度越大,襟翼角度越小,着陆进场参考速度越大。

2. 拉 平

拉平是飞行员在规定高度开始拉杆并收油门,使飞机逐渐退出下降角,形成接地姿态,并减速至接地速度的曲线运动过程,即飞机由下降状态转入近似平飞状态的过程。

拉平中,飞机俯仰姿态和迎角逐渐增大,下降角逐渐减小,飞机的速度和下降率也不断减小。为完成这个过程,飞行员应拉杆以增加迎角,使升力大于重力垂直分力,此两力之差为向心力,促进飞机向上做曲线运动,减小下降角。对某些飞机而言,因放襟翼后,上仰力矩较大,下降中通常是向下顶杆以保持飞机的平衡,所以开始拉平时只须松杆,然后再逐渐转为拉杆。拉杆或松杆增大迎角,阻力也同时增大,且因下降角不断减小,重力水平分力也跟着减小,所以阻力大于重力分力,使飞行速度不断减小。可见在拉平阶段,飞机下降角和下降速度都逐渐减小,同时高度不断降低。

飞行员应根据飞机的离地和下沉接近地面的情况,掌握好拉杆的分量和快慢,使之符合客观实际,这样才能做到正确的拉平。开始拉平的高度不宜过高,也不宜过低。如果拉平高度过高,拉平后高度将会高于规定的平飘高度,而且也看不清地面,不利于判断高度;如果拉平高度过低,会造成平飘的高度过低,甚至还没有拉平,主轮已撞地。机型不同,开始拉平的高度也不同,小型飞机开始拉平的高度通常在 5～6 m,大型飞机开始拉平的高度通常稍高,一般采用目视判断确定。

影响开始拉平高度的主要因素是下降角的大小,当下降速度一定时,下降角大,下降率也大,拉平的动作应较快;反之,则拉平的动作应缓慢些。

实际拉平中,应根据飞机离地的高度、飞机下沉的快慢和飞机俯仰姿态的大小来决定拉杆的快慢,这是做好拉平的关键。如高度高、下沉慢、俯角小,拉杆的动作应适当慢一些;高度低、下沉快、俯角大,拉杆的动作应适当快一些。

3. 平 飘

在拉平的后段,飞机接地前,其轨迹通常为下降角很小的直线,这段飞行也称平飘。

飞机转入平飘后,在阻力的作用下,速度逐渐减小,升力不断降低。为了使飞机升力与飞机重力近似相等,让飞机缓慢下沉接近地面,飞行员应不断地拉杆增大迎角,以提高升力,使飞机缓慢地降低高度。在离地约 0.15～0.25 m 的高度上将飞机拉成接地迎角姿态,同时速度减至接地速度,使飞机轻轻接地。

在平飘过程中,飞行员应根据飞机下沉和减速的情况相应地向后拉杆。一般来说,在平飘前段,需要的拉杆量较少。因为此时飞机的速度较大,在速度减小、升力减小时,只须稍稍拉杆增加少量迎角,就能保持平飘所需的升力。如拉杆量过多,会使升力突增,飞机将会飘起。

在平飘后段,需要的拉杆量较多。因为此时飞机的速度较小,如拉杆量与前段相同,增加同样多迎角,升力增加小,飞机将迅速下沉。此外随着迎角的增大,阻力增大,飞机减速快,也将使飞机迅速下沉,因此只有多拉杆,迎角增加多一些,才能得到所需的升力,使飞机下沉缓慢。

总之,在平飘中,拉杆的时机、分量和快慢出飞机的速度和下沉情况来决定。飞机速度大,下沉慢,拉杆的动作应慢些;速度小,下沉快,拉杆的动作应适当加快。

此外,为了使飞机平稳地按预定方向接地,在平飘过程中,还须注意用舵保持好方向。如有倾斜,应立即以杆舵一致的动作修正,因为此时迎角大,速度小,副翼效用差,故应利用方向舵支援副翼,即向倾斜的反方向蹬舵,帮助副翼修正飞机的倾斜。

4. 接 地

飞机以规定接地姿态和接地速度,两主轮同时轻盈接地,即轻两点接地。应避免重接地和三点同时接地,以免产生弹跳现象。飞机在接地前会出现机头自动下俯的现象。这是因为飞机在下沉过程中,迎角要增大,俯仰稳定力矩使机头下俯。另外,由于飞机接近地面,地面效应的影响增强,使下洗速度减小,水平有效迎角增大,产生向上的附加升力,对重心产生的力矩使机头下俯。故在接地前,还要继续向后带杆,飞机才能保持好所需的接地姿态。

为减小接地速度和增大滑跑中的阻力,以缩短着陆滑跑距离,接地时应有较大的迎角,故前三点式飞机以两主轮接地,而后三点式飞机通常以三轮同时接地。

接地时要让机头对准中心线,如果机头对不准中心线,此时的飞机起落架会受到严重的侧向载荷,从而损坏起落架。因此不要在飞机漂移的时候使飞机接地,一定要在确定飞行姿态平稳并且是沿着跑道中心线运动时接地。正常接地姿态如图 6.9 所示。

图 6.9 正常接地姿态

5. 着陆滑跑

着陆滑跑的中心问题是如何减速和保持滑跑方向。

飞机接地后,为尽快减速,缩短着陆滑跑距离,必须在滑跑中增大飞机阻力。为了减小前轮和刹车装置的磨损,接地后一般要保持一段两点滑跑,这样飞机迎角大,可利用较大的气动阻力使飞机减速。故两点接地后,应继续带杆以保持两点滑跑。随着滑跑速度的减小,气动阻力逐渐减小,待机头自然下沉至前轮接地后,前推驾驶杆过中立位置,将飞机转为三点滑跑,此时滑跑中可使用刹车、发动机反推、螺旋桨负拉力等方法继续增大飞机阻力使飞机减速,同时注意用舵保持好方向。

对于装有刹车自动调节器和防滑刹车效果好、能使用减速板、反推装置或螺旋桨负拉力来减速的大中型运输机而言,为缩短着陆距离,飞机接地后应立即转为三点滑跑减速。

前三点式飞机由于地面方向稳定性好,滑跑方向容易保持,可采用偏转前轮和方向舵的方法保持滑跑方向;对于后三点式飞机,接地后即保持三点滑跑,地面方向稳定性差,为便于保持滑跑方向,接地后,应拉紧杆,增大尾轮的摩擦力。滑跑前段用舵保持滑跑方向,利用气动阻力减速;滑跑后段用单刹车保持滑跑方向,用刹车减速,但刹车不可过猛,以防飞机"拿大顶"。

综上所述,飞机着陆的操纵方法是飞机以 3°下降角,从 15 m(50 ft)高度过跑道头开始,无风状态下飞机纵轴对准跑道中心线,发动机处于慢车状态,襟翼处于着陆位,起落架处于放下位。随着高度进一步降低,飞机接近地面时,必须在一定高度上逐渐后拉驾驶杆,使飞机由进近姿态转入接地姿态,同时速度减小到接地速度。接地前,控制飞机下沉率,使飞机以规定的接地姿态和接地速度,以两主轮接地。飞机接地后,先两点滑跑,再转入三点滑跑直至停止。

6.3.2　着陆性能

飞机着陆性能主要包括着陆进场速度、接地速度、着陆滑跑距离和着陆距离。

1. 进场参考速度v_{REF}

着陆进场速度是根据飞机着陆时保留安全余量而确定的一个速度,v_{REF} 的大小为飞机着陆构型失速速度的 1.3 倍,主要由飞机的着陆重量和襟翼位置决定。飞机进场着陆时,下降至距跑道表面 15 m(50 ft)时的速度必须大于等于 v_{REF}。

着陆进场参考速度大,将使飞机的接地速度增大,着陆距离以及着陆滑跑距离增长。

2. 接地速度v_{TD}

飞机接地瞬间的速度称为接地速度。飞机接地瞬间的升力大致与飞机重量相等,即

$$L = C_{L,TD} \frac{1}{2}\rho v_{TD}^2 S = W$$

$$v_{TD} = \sqrt{\frac{2W}{C_{L,TD}\rho S}} \qquad (6-4)$$

接地速度与飞机着陆重量、接地时的升力系数、空气密度有关。飞机重量越重,接地时的升力系数越小,接地速度越大。

接地时升力系数的大小取决于接地迎角和襟翼位置。接地迎角大,升力系数大,接地速度小,但接地迎角受飞机临界迎角和擦尾角的限制。襟翼放下角度越大,升力系数越大,接地速度就越小,所以一般飞机都放全襟翼着陆。

飞机重量增加,接地时所需升力增大,接地速度也相应增大。

空气密度减小,升力减小,为了保持一定的升力使飞机轻轻接地,须相应地增大接地速度,所以气温升高或在高原机场着陆,接地速度都要增大。飞机的着陆接地速度越小、着陆距离越短,着陆性能就越好,飞行安全性也越高。

3. 着陆滑跑距离和着陆距离

飞机从接地到滑跑停止所经过的距离称为着陆滑跑距离。从高于跑道表面 15 m(50 ft)高度开始,下降接地滑跑直至完全停止运动所经过的水平距离称为着陆

距离。

着陆滑跑距离取决于接地速度的大小和滑跑减速的快慢。如果接地速度小，滑跑中减速又快，则滑跑距离就短。着陆距离的长短不但取决于着陆滑跑距离的长短，还取决于空中段的距离，下面对影响因素进行简要分析。

① **进场速度与进场高度**　进场速度大，飞机接地速度大，着陆滑跑距离和着陆距离增长，且大速度进场，还易拉飘，进场高度越大，着陆空中距离越长，也使着陆滑跑距离和着陆距离增大。因此，正确着陆的前提是首先保证正确的进场高度和进场速度。

② **接地姿态**　接地姿态直接影响接地速度的大小，接地姿态大，则接地迎角大，升力系数大，接地速度小，着陆滑跑距离短。但接地姿态太大，会造成速度过小，可能导致飞机失速，也易造成飞机擦机尾。为缩短着陆滑跑距离，应使用规定的接地姿态接地。

③ **襟翼位置**　放襟翼着陆，升力系数增加，使接地速度减小，升阻比减小，阻力系数增大，减速快，所以着陆距离和着陆滑跑距离缩短；不放襟翼着陆，着陆距离和着陆滑跑距离增长。因此，为缩短着陆距离和着陆滑跑距离，各型飞机一般均规定着陆时应将襟翼放到大角度襟翼着陆，即着陆位襟翼。

④ **着陆重量**　着陆重量越大，接地时的升力增大，接地速度增大，着陆滑跑距离和着陆距离增长。飞机的实际着陆重量不能超过飞机的最大允许着陆重量。

⑤ **机场标高与气温**　机场标高与气温越高，空气密度越小，若保持相同的表速接地，则接地真速增大，着陆距离和着陆滑跑距离增大。

⑥ **跑道表面质量**　跑道表面光滑平坦，机轮与地面之间的摩擦力小，则着陆滑跑距离长；跑道表面粗糙柔软，则着陆滑跑距离短。

⑦ **刹车状况**　刹车效率对着陆滑跑距离影响很大，跑道积水或雪后，刹车效率很低，滑跑距离大大增长。跑道上的水会降低轮胎和地面之间的摩擦力，也会降低制动效率，使滑跑距离大大增长，冰雪跑道上的摩擦系数将减小更多。

还有一种最糟糕的情况就是可能发生动态滑水而使刹车效率变为 0。动态滑水在积水较深的时候发生，积水层在机轮挤压作用下能将轮胎从道面上完全托起，这时飞机的轮胎在一层水上而不是在跑道面上滚动。轮胎转速迅速下降，甚至停止转动，刹车效能完全丧失。为了使动态打滑降到最低，一些跑道开了凹槽以助于排出积水，但是大多数跑道没有。

飞机的速度、水的厚度、轮胎压力（指轮胎对跑道表面的压强，而不是内部的气压）都是影响动态打滑的因素。飞行员可以计算出发生动态滑水的最小速度，即在这个速度将发生打滑。简单来说，最小打滑速度是通过主轮轮胎压力的平方根乘以 0.11 得到的，胎压单位是帕斯卡。例如，如果主轮轮胎压力是 2.48×10^5 Pa，那么飞机将在 54 kn 的时候开始打滑。以高于规定的接地速度着陆将使得飞机的打滑可能性更大，而且一旦开始打滑，在低于最低的初始打滑速度还会打滑。

所以在这些情况下着陆时,必须考虑机场跑道长度是否够用,另外,刹车时机和刹车的使用度也有影响。使用刹车早,着陆滑跑距离短;刹车使用度越大,着陆滑跑距离越短,但刹车使用度过大,将使刹车过度磨损,可能导致拖胎,严重时还可能引起爆胎事故。

⑧ **风向风速** 在表速不变时,逆风着陆,15 m(50 ft)处地速和接地速度小,着陆距离和着陆滑跑距离减小;顺风着陆,着陆距离和着陆滑跑距离增大。风速越大,对着陆滑跑距离的影响越明显,如有可能,着陆方向应尽可能选择逆风方向进行。

⑨ **跑道坡度** 与起飞滑跑的情况相似,上坡滑跑,重力沿航迹方向的分力起减速作用,飞机减速快,着陆滑跑距离短;下坡滑跑,则着陆滑跑距离长。

要缩短着陆距离和着陆滑跑距离,应严格控制好飞机在 15 m(50ft)处的速度和接地速度,襟翼着陆位,尽可能向逆风和上坡着陆,滑跑中应及时、正确地使用刹车,使飞机尽快减速。

6.3.3 着陆性能图表

与起飞一样,着陆性能的计算方法有多种。在实际飞行活动中,飞机的着陆性能也是通过飞机飞行手册中提供的各种图表和曲线来确定的,着陆性能图表和起飞性能图表在很多方面都是类似的,即给出了在特定着陆条件下、在不同的温度和机场压力高度下,飞机的着陆性能数据。

使用着陆性能图或表格,可以得到着陆距离和着陆滑跑距离。表 6.2 所列为某型飞机的着陆性能表。它首先确定着陆条件,即着陆质量为 1 151 kg(2 535 lb),襟翼着陆位,15 m(50 ft)速度为 73 kn。使用该表时,如果知道着陆机场的 ISA 偏差和机场压力高度,即可得到在这种着陆条件下的着陆距离和着陆滑跑距离。

例: 某机场的压力高度为 1 220 m(4 000 ft),机场温度为 7 ℃,飞机着陆质量为 1 151 kg(2 535 lb),襟翼着陆位,求着陆滑跑距离和着陆距离。

解: ① 确定机场的 ISA 偏差。由 ISA 大气条件可知:在 1 220 m(4 000 ft)处,ISA 标准温度为 7 ℃,因此当前机场 ISA 偏差为 ISA+0 ℃

② 查表 6.2 得到:着陆滑跑距离为 233 m(765 ft),着陆距离为 511 m(1 675 ft)。

如果机场 ISA 偏差不等于表中提供的 3 个选项,即不等于 ISA-20 ℃、ISA、ISA+20 ℃时,则须使用线性插值得方法计算。在飞行手册中,这样的表格一般会给出几个,每个表格对应一个着陆质量,如果实际着陆质量与表格对应的着陆质量均不相等,仍然需要使用线性插值的方法进行处理,具体方法同起飞性能表格的使用一样。

另外一种常见的性能图表以曲线的形式给出,曲线形式的着陆性能图表如图 6.10 所示。

表 6.2 某型飞机的着陆性能表

温度/℃	距离/m	压力高度/m				
		0	610	1 220	1 830	2 440
ISA−20	着陆滑跑距离	191	203	215	227	239
	着陆距离	429	454	477	503	526
ISA	着陆滑跑距离	206	220	233	246	259
	着陆距离	450	486	511	537	561
ISA+20	着陆滑跑距离	220	236	252	267	281
	着陆距离	491	519	540	572	598

条件:爬升至 15 m 时,飞机的速度为 73 kn,着陆质量为 1 151 kg,襟翼着陆位。

例:已知条件如下:

室外温度:22 ℃

压力高度:1 220 m(4 000 ft)

着陆重量:1 090 kg(2 400 lb)

迎风:6 kn

障碍物高度:15 m(50 ft)

解:① 此曲线分为若干栏,其走线方式是从左到右。图中左下部分室外温度开

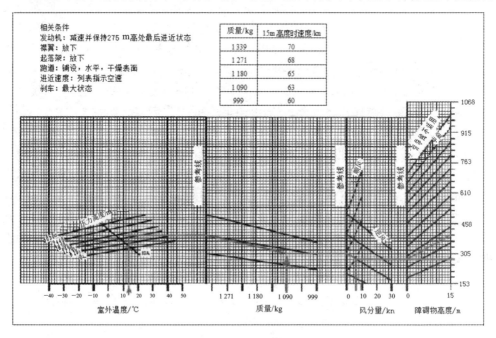

图 6.10 着陆性能图

始,沿 22 ℃向上引直线直到与机场压力高度 1 220 m(4 000 ft)的高度线相交。

② 从交点水平向右引直线进入质量栏,与标为参考线的直线相交,在沿图中提供的一组提示线按比例偏折,直到与着陆质量 1 090 kg(2 400 lb)处向上引来的直线的相交。

③ 从交点水平向右引直线进入风分量栏,同质量栏的走线一样,经过这一栏的参考线后,沿图中提供的提示线按比例偏折,直到与风速 6 kn 处向上引来的直线相交。这里需要注意的是,这一栏提供的提示线有两组,逆风起飞使用实线,顺风起飞使用虚线。本例中是逆风着陆应使用实线。

④ 从交点水平引到最右边进入障碍物高度一栏,障碍物高度为 0 的一条直线同时也标注为参考线,从左边水平过来的直线直接穿过障碍物高度为 0 的线,向右得到的数值即为着陆滑跑距离,本例中得到着陆滑跑距离为 275 m(900 ft)。

⑤ 如果穿过参考线后沿图中的提示线按比例偏折到与障碍物高度为 15 m(50 ft)的直线处,得到的数值即为着陆距离,本例中得到的起飞距离为 397 m(1 300 ft)。

此外,使用本曲线图还可以得到着陆接地速度和飞机在 15 m(50 ft)处的速度。在质量一栏,得到两条线的交点后,垂直向下进入速度一栏,提示线按比例偏折,就可以得到着陆接地速度和 15 m(50 ft)处速度。

6.3.4　着陆常见的偏差及其修正方法

拉平低、拉平高、拉平快、拉平慢、跳跃、拉飘和接地以后方向不正都是落地过程中比较常见的偏差,出现的原因大多是高度和姿态对应不好,油门和杆的配合不好,操纵动作粗猛和没有及时对正跑道,下面就几种常见的偏差及其修正进行介绍。

1. 拉平高和拉平低

飞机结束拉平时的离地高度高于预定高度称为拉平高。拉平高会使飞机在较高的高度上坠地,易损坏飞机,如图 6.11 所示。

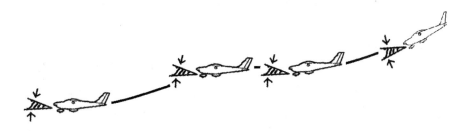

图 6.11　拉平高

拉平高的主要原因如下:

① 拉平开始前飞机下降角小,仍按正常高度拉平,拉平过程降低得高度少,造成拉平高。

② 下降速度大,仍按正常的动作拉杆,拉平过程降低得高度少,造成拉平高。

③ 视线过近,飞机俯仰姿态变化清晰,但高度判断不准,造成拉杆早,误高为低。

④ 拉平开始高度高,仍按正常拉杆动作拉杆。

⑤ 收油门和拉杆动作不协调,先拉杆后收油或拉杆时用力过大。

解决方法如下:

① 在拉平过程中发现有拉平高的趋势,应适当减慢或停止拉杆,使飞机仍在预定的高度上拉平。

② 拉平高度接近 2 m 且速度小时,应稍微稳住杆,稍加油门,再根据高度、飞机姿态和下沉速度,相应地拉杆并控制油门,使飞机在正确的高度上拉成两点姿态接地。

③ 拉平高度在 2 m 以上且未能及时修正时,应立即复飞。

飞机拉平后的高度低于预定高度叫拉平低。拉平低时,易使飞机接地速度大,甚至三点接地,严重时使飞机损坏。拉平低一般是由于视线太远、拉平开始晚,或拉杆动作太慢,或下降角大、拉平结束晚等引起的。发现要拉平低时,应适当加快拉杆动作,已经拉平低时,在不拉飘的前提下柔和拉杆,以两点姿势接地,但在接地的瞬间应稳住杆。

主要原因如下:

① 拉平开始前,下降角增大,仍按正常高度开始。

② 下降速度小,仍按正常的动作拉杆,飞机下沉快,造成拉低。

③ 视线过远,丢失状态参考,飞机俯仰姿态变化趋势不明确,但高度判断准确,飞机姿态变化误低为高。

④ 拉平开始高度低,仍按正常动作拉杆。

⑤ 收油与拉杆动作不协调,收油早或动作快,飞机下沉快,拉杆不及时。

解决方法:拉平过程中发现拉平低时,应特别注意看好地面,拉杆动作应比正常稍快些,使飞机仍在预定的高度上拉平。此时由于拉杆动作较快或下沉快,故应注意防止飞机飘起。在不使飞机飘起的前提下,使飞机在接地前拉成两点姿态,避免重着陆。

2. 慢或快的拉平

最后进近阶段,太迟地开始拉平或者太快地向后带杆都会在机翼上引起超重的载荷因子从而导致加速的失速。在拉平过程中突然增加迎角并使飞机失速是非常危险的,因为这会导致飞机的主起落架重着陆在跑道上然后反弹,如果操纵不当,飞机会继续反弹,连续的几次反弹会使起落架损坏,严重影响飞机的安全。在飞机接触地面时尾部会由于向后的升降舵压力和向下的惯性作用而被迫快速向下。

从这种状况改出需要在失速之前果断地使用油门来控制飞行的速度,才不会失速。如果此时有足够的跑道长度则可进行正常的进近着陆,如若依然不能正常着陆,飞行员应该立即执行复飞。

如果拉平的动作过晚,飞机的前轮会首先冲击跑道,这样会使机头接地后而上跳,此时不要试图再使飞机着陆,借助反弹之力立即执行复飞。

3. 拉平时的平飘或拉飘

五边进近时的空速过大通常会导致飞机平飘。在可以接地之前飞机会飞过预定的着陆地点并且可用的跑道长度不足。当使飞机在五边向着合适的地点降落时,空速会有明显的增加,若不能产生额外的升力和迎角,则不能建立正确的接地姿态。过大的迎角又会导致飞机增加高度或者拉飘,如图 6.12 所示。

任何时候只要飞机平飘,对速度、高度和下降率的判断要特别的准确,随着飞机减速到接地速度,飞机开始下降,飞行员必须平稳而逐步地调整飞行着陆姿态,及时地判断以避免平飘。从平飘中改出取决于平飘的程度和侧风的影响,以及剩余跑道的长度,所以在短跑道或有大侧风时要尽量避免平飘的发生。

飞机在拉平后的平飘过程中向上飘起的现象称为拉飘,如图 6.12 所示。拉飘后,飞机速度迅速减小而易发生失速,易接地重而损坏飞机。拉飘的主要原因是拉杆过多。在拉平中,以下情况都会引起飞机飘起:拉平低时,粗猛地拉杆,导致飞机向上飘起;进入拉平时飞机速度太大,拉杆后升力大于重力,从而飘起;速度正常,但拉杆用力过大;视线太近,感觉飞机下沉快而急促拉杆;飞机没下沉就拉杆等。

图 6.12　拉飘

飞机出现拉飘后,迎角增加引起阻力增加,并且重力沿航迹方向的分力会使飞机速度迅速减小,易导致飞机失速,应根据拉飘程序,相应地进行修正。当拉飘比较轻微时,此时飘起的高度不高,迎角也不大,应稳住杆,待飞机下沉时再相应拉杆,保持恒定的着陆姿态让飞机逐渐减速并落回到跑道上面。如飘起高度较高,在最初应及时顶杆制止上飘,同时注意油门的控制。待飞机下沉时再根据当时的飞机高度、姿态和下沉速度及时相应拉杆,使飞机在正常高度上成两点姿态接地。当拉飘过大时,飘起高度超过 2 m 时,应该立即执行复飞,不要尝试着陆,在飞机进入失速状态之前必须增加功率。

4. 接地时的弹跳

飞机接地后又跳离地面的现象称为跳跃。造成飞机着陆跳跃的原因有很多,只要接地时飞机升力与机轮弹力之和大于飞机重力,就会产生跳跃,如图 6.13 所示。出现这种情况的原因主要有以下几个方面:

① 飞机以重三点接地。飞机三点接地时,三轮同时受到地面的反作用力,接地越重,反作用力也就越大。然而飞机的轮胎和减震系统的作用使飞机弹起的动作不会太大。相反它弹回空中是因为机翼上面迎角突然增大导致升力的突然增加,从而

导致弹跳。由前三点式飞机起落架构造特点可知,主轮减震器吸收的能量较多,而前轮减震器吸收的能量较少,也就是说前轮的弹力较大,机头上仰使迎角增大,升力也就增大,使飞机跳离地面,形成跳跃。

②飞机虽然两点接地,完成两点姿势的高度太高,接地重,且未待前轮自然放下就立即推杆放前轮。

③飞机着陆过程中,未及时拉杆,飞机带俯角前轮撞地。在着陆过程中,操纵动作不当,或拉飘修正过量,使前轮首先接地,前轮弹力大,使机头上仰,则迎角增大,升力就增大,产生跳跃。

④接地的瞬间,拉杆过量,使迎角突增,升力增大,也可能产生跳跃。

应对弹跳的正确处理方法和拉飘一样,同样取决于它的严重程度。当弹跳轻微且飞机的俯仰姿态没有明显改变时,通过使用足够的功率来缓冲后续的接地带来的反弹,并且把不正常的俯仰姿态调整到正确的接地姿态,再来进行接地着陆。

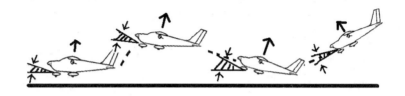

图 6.13　跳跃

5. 低空方向偏差

低空方向偏差有两种:

① 位置偏差,飞机位置偏离跑道中线。

② 交叉,飞机纵轴没有平行于跑道中线,而与之有一定的夹角。

主要原因如下:

① 侧风落地修正方法不当。

② 落地过程中注意力分配不当,即过多地注意姿态,而忽略对方向的控制。

③ 发现方向偏差过晚,修正不当而造成更大的偏差。

修正方法如下:

① 总的原则是用盘修正位置,用舵修正机头方向,但盘舵的操纵又存在相互的影响,并且偏差的大小和跑道的长度决定了修正方向偏差的时机是有限的,因此应综合考虑如何进行修正。接地时应使飞机不带偏侧(不带横侧运动且不带交叉)并尽量靠近跑道中心线,如不能满足此条件应果断复飞。

② 修正低空方向偏差通常需要适当加油门,使飞机暂时不下沉,而赢得修正偏差的时间,待方向稳定后再稍收小油门使飞机重新开始下沉并看好地面完成着陆动作,此时飞机速度小,应防止收油门过多造成下沉过快。

6．修正着陆偏差的注意事项和总原则

① 在任何情况下,视线不准离开地面。

② 在修正偏差时,必须把飞机状态、离地高度、运动趋势三者结合起来进行判断和修正。

③ 如飞机产生坡度时,应杆舵协调及时修正,防止飞机带较大坡度接地。

④ 应按先制止、后修正的原则修正偏差,切忌动作剧烈,以免造成更大的偏差。

⑤ 在出现落地后方向偏差应带住杆控制好滑跑方向,待滑跑方向稳定后再放前轮。

6.4　风对起飞、着陆的影响及修正方法

风是常见的自然现象,它是由于地球运动、大气层中温度不同和大气压力不同使空气在不同方向上对流而形成的。由于风速在高速飞行中对速度影响相对较小,故低速飞机的驾驶员需要考虑风的影响,飞机经常在有风的条件下起飞和着陆。在起飞和着陆时飞行的速度低,要更多地考虑风的影响。侧风时的起落,驾驶员必须考虑侧风会使飞机的航迹偏离跑道中心线,因而必须调整飞机的航向使其迎向侧风一定的角度,才能使飞机不偏离跑道。当侧风的风速超过一定数值时,则不能起降。研究风对起飞着陆的影响及其修正十分重要。本节只研究稳定风场的影响及修正。

飞行员起飞着陆前可以从多种途径得知地面风的状况,典型的如从 ATIS(自动终端情报服务)或塔台处获知,从机场上的风速指示器也可得知地面风的状况。在实际中,风不一定是正侧风或顺逆风,而是从某一方向吹来,飞机的飞行手册提供有风分量图,以便于飞行员在这种情况下快速确定当前起飞着陆方向的顺逆风风量以及侧风风量。

6.4.1　侧风对滑跑的影响

在侧风中滑行时,虽然机轮的侧向摩擦力阻止飞机向侧方运动,飞机仍沿地速方向运动,但侧风使空速与飞机对称面不平行而形成侧滑。侧风方向、侧风速度和飞行速度都将影响侧滑角的大小,如图 6.14 所示。

侧滑所产生的方向稳定力矩,使机头有向侧风方向偏转的趋势。侧滑所产生的横侧稳定力矩使飞机有向侧风反方向倾斜的趋势,故不论是起飞滑跑还是着陆滑跑,为修正侧风的影响,飞行员都应向侧风方向压盘,以克服横侧稳定力矩,防止飞机倾斜。向侧风的反方向抵住

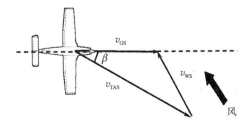

图 6.14　侧风对滑行的影响

舵,以克服方向稳定力矩,保持直线滑行。

螺旋桨飞机在滑跑时,螺旋桨副作用也有使飞机偏转的趋势,不同的侧风可能会加剧或削弱这种影响。例如,右转螺旋桨飞机在左侧风中起飞,侧风和螺旋桨副作用所引起的偏转力矩相同,都向左,总的左偏力矩加大,必须加大蹬舵量。若在右侧风中起飞,两者所形成的偏转力矩相反,可以相互抵消一部分,总的偏转力矩减小,可以减小蹬舵量,因此,对于螺旋桨飞机,左右侧风将导致不同的盘舵修正量。起飞滑跑时,螺旋桨副作用和侧风的影响可能相互加强,也可能相互削弱,导致不同的盘舵修正量。

起飞滑跑时,随着速度的增大,舵面效用增强,应相应地减小盘舵量。滑跑时,可适当顶杆以增大前轮摩擦力,这样易于保持方向,同时可适当增大抬前轮速度,以增加安全裕度。

着陆滑跑则相反。随着滑跑速度的减小,须相应地增大盘舵量,才能保持好滑跑方向。

6.4.2　侧风对起飞的影响及修正

1. 侧风下起飞的特点

在离场起飞过程中,侧风对飞机的影响主要体现在起飞滑跑阶段。如飞机在地面滑跑时,侧风会使飞机产生偏转,抬前轮时方向偏转尤为明显。两点滑跑中,随着滑跑速度的增大,飞机升力增大,同时飞机对地面的压力逐渐减小,致使阻止飞机侧向移动的机轮侧向摩擦力随之减小。当速度增大到一定程度时,飞机上的侧力大于机轮侧向摩擦力,飞机开始侧向移动,还可能产生倾斜,严重时,一端机翼可能被掀起。侧风过大时,仅靠副翼和方向舵很难保持飞机的滑跑方向和两翼的水平,也很难制止飞机的侧向移动。起飞离地后,侧风会使飞机产生偏流和横向侧移距离,从而偏离原来的起飞方向。

2. 侧风起飞的操纵特点

飞机在侧风中起飞滑跑,为克服横侧稳定力矩,须压上风盘;为克服方向稳定力矩,须抵下风舵。开始滑跑时,舵面效应差,因此压盘量较大,随着飞机速度的增加,侧风更多转变为相对的逆风,应减小向侧风方向的压盘量。如果操纵副翼所需的力增大,则表明舵面效应增强,随着舵面效应的增强和相对侧风分量变弱,需要逐渐减小压盘量。不过侧风分量的影响不会完全消失,因此在整个滑跑过程中都需要保持一定的向侧风方向压盘量来制止上风面的机翼上抬,如果上风面机翼抬起,导致更多的机翼表面暴露在侧风下,可能引起飞机的侧向跳动,如图 6.15 所示。

飞机在地面滑跑时,由于不随风飘移,侧风只能使飞机产生侧滑而引起空气动力变化,产生侧力和力矩。但飞机离地后,飞机会随风飘移,不产生侧滑,侧风使飞机产生偏流。为保持起飞方向不变,最有效的方法是飞行员向侧风方向压坡度,产生升力水平分力以平衡侧力。同时,蹬反舵保持起飞方向,此方法也就是通常说的侧滑修正

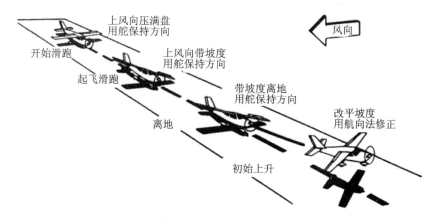

图 6.15　侧风中起飞

法。另外,在滑跑阶段采用此方法,不仅能制止方向偏转,还可防止飞机一端机翼被掀起。

飞机在空中飞行时,一般严格禁止飞机带坡度飞行。故飞机离地后要求尽快将侧滑修正法改为航向修正法,所以在离地后应尽快回舵。回舵后,在方向稳定力矩作用下,飞机将向来风方向偏转,并逐渐形成偏流角。飞机在偏转的同时,在侧力作用下飞机将向风去方向侧移。回舵及时,可以缩短从侧滑法转为航向法的时间,减小飞机向顺风方向的侧移距离。在回舵、飞机侧滑角减小的过程中,飞行员应相应回杆,逐渐改平坡度。当航向角等于偏流角时,飞机侧滑消失,地速方向正好同跑道方向一致,此时保持两翼水平飞行。

6.4.3　空中侧风对飞机的影响及其修正

在侧风情况下,飞机离地后,阻止飞机向侧方移动的地面摩擦力随即消失,如果不加修正,飞机在向前飞行的同时,还会随侧风一起向侧方运动,飞机与侧风间不再有相对运动,这种航迹(地速)v_{GS} 与飞机对称面不一致的飞行状态称为偏流。产生偏流后,航迹偏离飞机对称面,此时空速 v_{TAS} 与地速 v_{GS} 之间的夹角称为偏流角,用 β 表示,即航迹与对称面的夹角。偏流角的大小视空速、风速的大小及其方向而定。当空速和风向一定时,风速越大,航迹偏离越多,偏流角也越大;当风速与风向一定时,空速越大,偏流角越小,侧风的影响相对减弱。

这里必须注意,在侧风中飞行若不加修正,产生偏流以后,飞机随侧风一起向侧方运动,飞机侧移速度等于侧风速度,飞机与空气之间并不存在侧向的相对运动。从飞机上看,相对气流方向从正前方吹来,相对气流方向与对称面平行,没有侧滑。可见,出现偏流只能说明航迹偏离飞机对称面,对于飞机空气动力和飞行姿态并不产生什么影响。

偏流的存在使飞机地面航迹发生偏斜,不能按原计划飞向预定目的地,因此必须加以修正。修正偏流有两种方法,一是航向法修正,二是侧滑法修正。

1. 航向法修正侧风

　　既然飞机地面轨迹向下风方向偏离,所以用航向法修正侧风影响时,飞行员应操纵飞机向侧风方向改变一个航向角,使改变的航向角正好等于偏流角,这样航迹(地速)就与预定航迹一致,不再向下风方向偏离,这样便修正了偏流,如图 6.16 所示。例如,在左侧风的情况下,航迹要右偏,应操纵飞机向左转弯,使其航向偏左。当航向改变的角度等于偏流角时,将飞机改出转弯,此时由于空速方向偏左,再加上风速的影响,就可以使飞机沿预定的航迹(地速)飞行,不再偏出跑道。

　　航向法修正侧风时,飞机不带侧滑和坡度,如果没有其他参照物,会认为飞机是朝着机头方向飞行的,但在地面看来,飞机一方面沿着机头指向飞行,一方面又沿着侧风方向随风下飘,其合速度(地速)就与预定航迹一致。

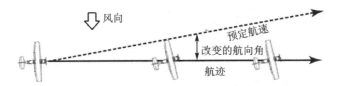

图 6.16　航向法修正侧风

2. 侧滑法修正偏流

　　用侧滑法修正偏流时,飞行员应向侧风方向(上风方向)压盘,使飞机形成坡度产生侧滑,同时向侧风反方向蹬舵,以保持机头方向不变。当侧滑角恰好等于偏流角时,便修正了偏流,如图 6.17 所示。例如,修正左侧风的影响时,飞行员应向左压杆并蹬右舵。

　　压杆是为了使飞机带左坡度并向左侧滑;蹬反舵是为了制止因侧滑而引起的机头偏转,保持侧滑角一定。在左侧滑中,飞机的空速方向偏左,加上风速的影响,地速则正好对正跑道方向。这就是说,正好抵消侧风使飞机向右偏的影响,结果对跑道来说飞机的航迹(地速)既不偏左也不偏右。

　　侧滑法修正偏流飞机的航迹与机体纵轴一致,便于保持飞机的运动方向。如果没有任何参照物,会认

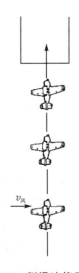

图 6.17　侧滑法修正侧风

为飞机是朝着侧滑的方向飞去,但在地面看来,飞机一方面朝着上风方向飞去,一方面又随着侧风向下风方向飘移,因此其合速度(地速)即为原预定航迹。

3. 侧滑法和航向法比较

　　侧滑法修正偏流时,飞机的航迹与机体纵轴一致,便于根据纵轴方向保持飞机的运动方向。缺点是在侧滑时飞机升力减小,阻力增大,则升阻比减小,导致飞机气动

性能变差。而且由于飞行员蹬满舵后,飞机所能达到的最大侧滑角是一定的,因此飞机做直线侧滑时如果侧风过大,飞机所能达到的最大侧滑角就可能小于所需要的侧滑角。此时,只用侧滑将无法完全修正侧风的影响。

航向法修正侧风时,飞机不带侧滑和坡度,升阻比大,没有气动性能损失。用改变航向修正侧风的影响时,一般不受侧风风速的限制,即使侧风很大,也能用改变航向来修正偏流。但是航迹与纵轴不一致,飞行员不便于根据纵轴保持运动方向,且飞机接地前改出难度也较大。

总之,两种方法各有优缺点,可以单独使用,也可以结合使用。究竟采用哪种方法,应视具体情况而定。一般而言,大型飞机一般在直至接地前的整个飞行过程中使用航向法修正,在接地前蹬下风舵时飞机纵轴与跑道平行,同时用盘保持飞机不带坡度,改出航向法。小型训练机一般使用侧滑法修正偏流。接地前,应使用改出侧滑法操纵飞机,改平坡度,使两主轮同时接地,同时用舵保持好机头方向。

6.4.4　侧风对飞机着陆的影响及修正

1. 侧风对飞机着陆的影响

对于飞机而言,在着陆阶段,速度比较小,从而使其舵面的气动效率也较小,这样就增加了着陆时控制的难度,同时也就更加容易受到侧风的干扰,而使其偏离航向。由于飞机舵面的偏转角度是有限的,并且飞机自身结构和材料的强度是一定的,所以飞机在着陆的时候只能抵御一部分侧风影响。

侧风对飞机的着陆将产生很大的影响,在侧风中着陆,飞机的纵轴将会与跑道方向形成一个夹角,在接地的瞬间,如果不能修正这个夹角,飞机带角度接地,将会对飞机结构造成损害,严重时可使起落架损坏甚至折断。

飞机着陆滑跑时,侧风易使飞机偏转方向,若处置不当,飞机将会偏离跑道。另外,侧风过大时,如不向侧风方向压住杆,侧滑前翼有可能被掀起,甚至整个飞机可能被掀翻。而且,如果压杆和蹬舵的操纵力使用不正确,容易使飞机在滑跑过程中左右摇摆,甚至导致飞机滑出跑道。

2. 侧风着陆的操纵特点

在最后进近与着陆阶段,可以采用航向法与侧滑法修正侧风,虽然航向法在五边进近时也易于掌握与操纵,但要求飞行员在飞机接地前瞬间将飞机从航向法改出,这就要求飞行员必须具备准确的时间判断能力和较高的飞行技术。因此,在小型飞机特别是训练飞行中一般推荐采用侧滑法或侧滑法与航向法相结合的方法来修正侧风,大型飞机一般在接地前的整个飞行中均使用航向法修正侧风。侧风下着陆如图 6.18 所示。

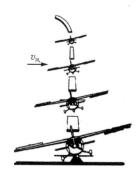

图 6.18　侧风下着陆

用侧滑法修正侧风影响时,接地前应适当回盘,使飞机接地的瞬间改平坡度,使两机轮同时接地,否则会造成一边机轮先接地的现象。接地前,由于飞机速度不断减小,侧滑引起的横侧稳定力矩也在不断减小,飞机本来就有减小坡度的趋势,因此改平坡度并不需要回盘过多。同样,回盘时,一般回舵量更少或不回舵。

用航向法修正侧风影响时,正确的做法是飞机在接地的瞬间,应柔和地蹬出反舵,消除侧滑角,使飞机纵轴方向与跑道方向一致。对于飞机的接地点,也应有相应的要求,正确的接地点应当是跑道的中线或者稍偏离跑道下风向一侧,这样即使修正动作不及时也不至于使飞机滑出跑道。航向法和侧滑法进近如图 6.19 所示。

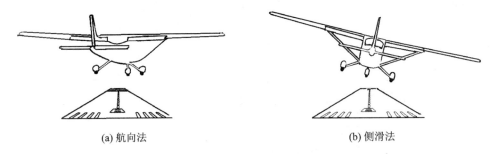

(a) 航向法　　　　　　　　　　　　　　(b) 侧滑法

图 6.19　航向法和侧滑法进近

飞机着陆后,首先应消除飞机纵轴与跑道中线的夹角,让飞机沿跑道中线或顺跑到中线滑行。这时,在侧风的影响下,飞机还会继续偏向侧风的方向,因此,要继续蹬反舵,保持滑跑方向。如果这时飞机没在跑道中线上,不要急于修正到中线,要先调整好滑跑方向,再慢慢修正到中线位置。蹬舵量应随滑跑速度的减小而增大,这时由于随着滑跑速度的减小、舵面效应变差的缘故,必须增大踩舵量才能保持飞机方向。

6.4.5　顺逆风起飞与着陆的特点

逆风是迎面吹来的风。因为逆风会增大浮力,所以一般在逆风情况下起飞或降落。在逆风条件下起飞、着陆,保持同样空速则地速较小。缩短飞机的起飞滑跑距离和着陆滑跑距离,则起飞、着陆性能好。

飞机在逆风中起飞,空速增加,滑跑中方向舵的效应增强,用舵容易保持滑跑方向。保持同样表速抬前轮,飞机达到规定抬前轮速度的时机要早些,拉杆抬前轮时,注意动作要柔和,以防前轮抬得过高。逆风能使离地速度减小,会缩短飞机的起飞滑跑距离和增加上升角度。大风往往会引起地面空气的紊乱流动,为增强飞机的稳定性和操纵性,保证足够的安全余量,抬前轮速度和离地速度可比正常速度稍大些,可采用少放襟翼或不放襟翼的方式实现。同时,起飞时,逆风能产生飞机的附加进气量,从而增大飞机运动开始时的方向稳定性和操纵性。

在逆风中着陆,保持空速不变时,下降和接地的地速小,下降距离和平飘距离明显缩短,下降角增大,造成目测低。为修正目测,下降点应前移。如果采用保持下降线、增大下降空速的办法,拉平时,舵面效应较强,拉杆动作应柔和,以防拉平高和拉飘。另外,逆风降落便于修改航向,对准跑道,减小对地的冲击力。

顺风是从后面吹来的风。顺风会减小浮力,飞机通常会避免在顺风情况下起飞或降落。在顺风中起飞着陆,与逆风中的情况相反,保持同样空速则地速较大,增大飞机的起飞滑跑距离和着陆滑跑距离,起飞着陆性能差。

飞机在顺风中起飞,滑跑方向不易保持,飞机加速到规定抬前轮速度的时机要晚些,起飞滑跑距离和起飞距离都增长。同时会降低飞机离地后的上升角,使起飞时的飞机稳定性和操纵性变坏。这时要根据跑道长度和飞行性能数据确定飞机能否安全起飞。

顺风不仅影响飞机着陆后的滑跑减速,也会影响飞机的下降着陆,顺风太大时甚至有可能造成飞机着陆平漂距离太远,而无法在着陆区接地。飞行事故记录表明,顺风飞行事故一般是由于飞机失去控制造成的。顺风着陆,下降和接地的地速大,下降距离和平飘距离都长,易造成目测高。应根据风速的大小,适当后移下降点。在顺风情况下,如有可能,应考虑改变着陆方向。

6.5　目测着陆

在目视天气情况下,目测着陆是飞行员操作飞机着陆最主要的方式之一,着陆目测(简称目测)是指飞行员根据飞机当时的速度、高度以及相对接地点的距离,进行目测判断,进而驾驶飞机降落在预定接地点。目测进近着陆是飞行员的一项基本功,只有打好扎实的目视进近着陆技术基础,才能学好较为高级的仪表着陆技术。

6.5.1　目测的基本原理

准确的目测是操纵飞机在预定接地点一定范围内接地。没有达到这一范围就接地,称为目测低;超过了这一范围才接地,称为目测高。飞机的目测着陆包括以下阶段:下降段、拉平段、平飘段和接地着陆段,如图 6.20 所示。能否做到准确目测,主要问题在于正确选择下降点,保持规定的下降速度和下降角,以及正确掌握收油门的时机。

下降段是指飞机从五边开始下降高度的地方开始,直到所选下降点的航迹。而且下降段是飞机在五边进行下降的第一个阶段,在下降阶段中,飞行员需要在下降点、下降角、下降速度等方面进行全面协调操作。

(1) 正确选择下降点

做好着陆目测,首先要保持正确的下降点。下降点的别名为运动点,是指飞机在五边下降轨迹指向跑道的一点。预计的下降轨迹指向跑道的点称为预计下降点,实际到达的下降轨迹指向跑道的点称为实际下降点。下降点的位置与着陆拉平后的空中平飘距离有密切关系。平飘距离的长短主要取决于下降速度、天气情况、襟翼位

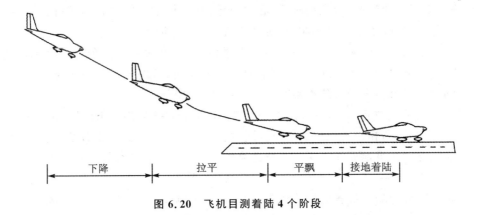

| 下降 | 拉平 | 平飘 | 接地着陆 |

图 6.20　飞机目测着陆 4 个阶段

置、发动机工作状态等。飞行员应根据这些因素估计平飘距离，正确选择下降点。

当飞机从四边转向五边之后，应当操作飞机下降至下降点。对小型飞机来说，预定接地点减去预定平飘段长度后为下降点，一般为跑道头。实际操作过程中，由于气象、飞机性能、飞行员操作方式等因素的影响，实际下降点与预计下降点之间难免存在误差。当实际下降点在预计下降点之前，则导致目测高。当出现目测高的情况时，要及时增大下降角，当下降角增大时，飞机进近速度也会随之增大，故要减小油门以保证标准的进近速度。当实际下降点在预计下降点之后时，就会导致目测低。当出现目测低的情况时，要及时减小下降角，当下降角减小时，飞机进近速度也会随之减小，故要增大油门以保证标准的进近速度。

（2）保持规定的下降角

下降点被确定之后，飞行员就要操作飞机以规定的下降角降落。正常情况下飞机的下降角一般为 3°～4°，下降角过大或过小，直接影响下降速度的大小，进而导致目测不准。下降角偏大，下降速度也大，易形成目测高；反之，易形成目测低。

在飞机下降着陆时期，飞行员可以通过跑道灯光设备的指示进行下降，例如目视进近坡度指示系统（VASIS），如图 6.21 所示。基本的目视进近坡度指示器包含两组灯号，一组是设于跑道开始的地方，而另一组就位于距离前组灯号 7 m 远的方位。根据下降角的大小，这些灯呈现不同的指示。如果下降角正确，则头组灯号是白色的，后组灯号就是红色的；如果下降角过大，两组灯的颜色全为白色；过小则全为红色。

此外，利用高距比也是飞行员判断飞机大致下降角的方法，由前面所学知识可知，要保持好规定的下降角，飞机在下降过程中必须保持同样的高距比，即下降过程中飞机的高度和距离下降点的水平距离的比值保持不变。飞行员可以利用飞机内部指点标指示灯来判断飞机距离跑道入口的大致信息，距离跑道由远至近分别是外指点标、中指点标及内指点标。外指点标（OM）位于跑道入口前 4～7 n mile 处；中指点标（MM）一般在跑道入口前 0.5～0.6 km 处的位置；内指点标（IM）的位置在跑道入口处，如图 6.22 所示。

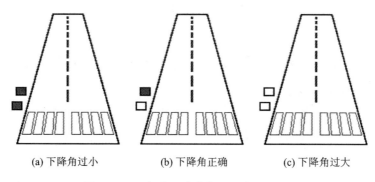

(a) 下降角过小　　　　(b) 下降角正确　　　　(c) 下降角过大

图 6.21　目视进近坡度指示系统(VASIS)

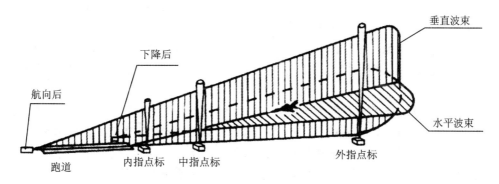

图 6.22　引导着陆地面设施

（3）保持规定的下降速度

在保持正确的下降点及稳定的下降角的前提下,飞行员就要灵活操控油门来调整稳定的下降速度。如果下降速度操作不好,也会使着陆的速度不精准。如果下降速度过大,飞机会越过飞行接地点,容易形成目测高;下降速度低,容易形成目测低。

下降速度的大小主要取决于油门位置。油门的高低与螺旋桨拉力成正比,进而与飞机速度也成正比。因此,目测高的时候,应适当减小油门,从而减小速度,回到正常航迹;目测低的时候,应稍微增大油门,从而增大进近速度。

（4）正确掌握收油门的时机

正常情况下,一般在拉平过程中柔和均匀地收油门,拉平结束,则油门收完。如果在拉平过程中收油门过早、过快,势必造成目测低,反之,目测高。如果飞机过跑道头时,速度、高度、下降角没有达到规定值,就可以根据实际情况,灵活掌握收油门的时机和快慢。如果飞机过跑道头速度偏大,收油门的时机就可以提前并适当加快;反之,收油门的时机就应推迟并适当放慢。最迟在接地前将油门收光,以达到控制飞机在预定接地点的目的。

综上所述,要做好着陆目测,飞机应正确地选择下降点,保持好规定的下降角和下降速度,以及掌握好收油门的时机和快慢,同时根据飞机实际状态,及时适量地进行调整和修正。

6.5.2 风、气温及标高对目测的影响及其修正方法

1. 对气象因素的修正

气象情况千变万化,飞行员要学会正确修正天气因素对飞行带来的影响,从而安全降落。在正常情况下,飞行员需要对机场周边的风向、气温、标高进行修正。

(1) 对风向的修正

① 对顺风的修正 飞机在顺风下飞行,相对地面速度变大,从而增加了进近速度。接地时,飞机会降落在预计接地点之后,导致目测高。处于这般情境下,飞机在下降阶段中,需要调节油门,稳定操杆,稳定下降速度。在跑道入口处,需要提前收油门,使得飞机放缓速度。顺风的天气很容易影响处于小油门的飞机,飞机气动性能降低,此时飞行员在稳住下沉的同时,也要带杆,在距离地面 1 m 时拉出着陆姿态。因为顺风情况飞机地速大,接地后首先要操控住飞机的滑跑方向,避免发生冲出跑道事件。

② 对逆风的修正 飞机在逆风下飞行,相对地面的速度减小,从而减小了飞机在五边的速度。接地时,飞机会在预计接地点前着陆,导致目测低。在此情境下,飞机在下降阶段,可通过风速的快慢相应地向前移动下降点,并且适当增大下降速度,即增大油门,如图 6.23 所示。逆风情况下五边的参考速度约等于飞机失速速度的 1.3 倍加上风速的 0.5 倍(风速单位为节)。在入口前,可以缓慢收油门,调整入口速度。在跑道入口处,需要延缓收油门,将飞机飞入着陆区。整个带杆过程要缓慢。飞机拉平之后,速度下降比较快,飞机下沉也比较迅速。拉杆应该及时并且柔和地操作飞机下沉,防止拉飘。

③ 对侧风的修正 飞机飞入跑道后,应使飞机中心线对准跑道的中心线,利用下风方向舵将飞机纵轴对准需要的中线,使用副翼向上风向压机翼预防偏移。利用下风方向舵,同时向上风向压盘,建立平稳侧滑从而保持标准航迹。在空气动力学的角度来研究,飞机于每个时刻全与相对风的方向相反,利用此方式在带有侧风的跑道上着陆时,机头为了达到对准跑道中心线方向的目的,需要偏向上风头。飞机带有侧滑时,破坏了此种平衡状态。此时飞机依赖横滚坡度方向的升力分力与侧风对飞机的侧向影响力相抵消,发动机近似于降低了小部分功率,因此在着陆时,上风侧的轮胎早于下风侧的轮胎着陆。此时应该避开较大的横滚操作,从而预防坡度较大而导致外侧襟翼接触跑道。

(2) 对气温的修正

飞行员发现"早晨目测容易低,中午目测容易高",就是因为早晨温度低,中午温度高的缘故。因为在温度低的空气中,气压随高度降低较快;在温度高的空气中,气压随高度降低较慢。所以在较冷的天气飞行时,高度表的值高于实际飞行高度;而在

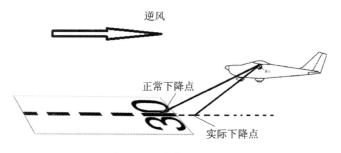

逆风

正常下降点

实际下降点

图 6.23　对逆风的修正

较暖的天气飞行时,高度表的值低于实际飞行高度。此外,在中午由于暖空气的影响,跑道上升气流往往比较强,使下降角减小,下降距离和平飘长度增大,造成目测高,飞行员需要稍微减小油门。

（3）对机场标高的修正

伴随着机场海拔的增加,即机场标高的上升,空气密度会减小,大气压力降低。高原地区昼夜温差幅度较大,相同时间内流经发动机的空气流量比平原地区明显降低。这导致在高原机场运行的飞机发动机的功率减小,地速增大,空速减小,从而使着陆滑跑距离加长。

2. 对地面效应的修正

当飞机在贴近地面进行低空飞行时,飞行高度大约在 0.5～1 个翼展的距离时,会产生明显的地面效应,这主要是因为地面干扰翼尖涡流和下洗流而产生的。当机翼非常靠近地面时,由于地面障碍物的原因,翼尖涡流很难有效地形成,这就降低了飞机着陆时的诱导阻力,从而增加了飞行速度与升力。机翼升力的增加有利于飞机的安全着陆,但是尾翼升力的增加可能使飞机下冲,降低纵向稳定性。所以飞行员需要适当减小油门、缓慢提高飞机仰角以降低速度进而着陆。

6.6　特殊情况下的起飞、着陆

飞行员不仅要掌握正常和有风条件下的起飞、着陆本领,而且还应掌握在其他特殊情况下的起飞、着陆本领。特殊情况下的起飞与着陆是指在非正常情况下的起飞与着陆,例如在高温高原机场的起飞与着陆,在积水和冰雪跑道上的起飞与着陆,在短跑道上的起飞与着陆,在软道面上的起飞与着陆。在这些特殊的情况下要做到的就是尽可能地保持飞机的性能,如保持飞机爬升与下降的速度、最佳爬升角、最佳爬升率、飞机高度等。

6.6.1　不放襟翼着陆

着陆中,为了缩短滑跑距离,通常放大角度襟翼,这样飞机的升力系数增加,同时阻力系数也增加,可以让飞机以更小的接地速度接地,同时在滑跑中帮助飞机减速,从而缩短滑跑距离。但在某些特殊情况下,如侧风过大、风切变、发动机发生故障、襟翼操纵系统故障等,为了保证飞机具有良好的操纵性,常常需要不放襟翼着陆,以增大进近速度。不放襟翼着陆是飞行员需要掌握好的一项基本技能。不放襟翼着陆与放襟翼着陆,有以下几个特点:

1. 飞机的下降角小,下降速度大

不放襟翼着陆时,相当于两机翼的相对弯度减小,飞机的升力和阻力相应减小,但飞机升阻比增大,下降角减小。为使飞机升力不变,飞机必须增大下降速度,以使飞机的稳定性和操纵性能提高,但也使飞机的着陆滑跑距离与着陆距离增加。

2. 开始拉平的高度稍低

不放襟翼着陆,飞机下降角小,下降速度大,因此飞机减速慢,拉平过程中高度降低少,所以拉平开始高度稍低。

3. 操纵动作应柔和

不放襟翼着陆,飞机下降速度大,舵面效应增强,操纵飞机就灵活,因此操纵动作应更加柔和,拉杆要适量。如果不注意其操纵特点还像正常情况那样去操纵飞机,则可能稍一拉杆就将飞机拉平,因为不放襟翼时飞机的下降角小。

4. 易目测高

不放襟翼着陆,不仅升阻比大,下降角小,实际下降点前移,且阻力系数小,拉平中阻力小,飞机减速慢;同时飞机升力系数小,下降速度大,所以拉平空中距离长,易目测高。

6.6.2　高温高原机场上的起飞和着陆

在高温高原机场,空气密度小,飞机性能降低。这种性能的降低包括两个方面,一方面,空气密度减小,使进入发动机内的气体质量减小,因而发动机产生的拉力或推力减小,发动机性能降低,使飞机增速慢;另一方面,空气密度减小,表速和真速的差异增大,在同样的抬前轮表速情况下,飞机的阻力不变,但抬前轮真速和地速增大,使加速到这一速度所需要的时间增长,结果使飞机的起飞和着陆性能都降低。

1. 起　飞

在高温高原机场起飞时,飞机加速慢,加速到同一表速时的真速大,滑跑距离和起飞距离都将增长,起飞后的初始上升阶段中上升梯度减小,因此应注意以下几点:

① 起飞前必须根据飞机的性能图表确定飞机的起飞滑跑距离与起飞距离,确保飞机在该起飞重量下和预计起飞跑道上可以安全起飞,同时还须根据性能图表确定飞机的上升性能,确保飞机有能力越障。

② 尽可能利用所有对起飞性能有利的因素起飞,如满油门、逆风、下坡等。适当时可以减小飞机起飞重量。

③ 在同一表速时,若起飞真速或地速偏大,应严格按照性能图表上确定的抬前

轮表速抬轮。

2. 着　陆

在高温高原机场着陆时,同一表速接地,真速大,着陆距离和着陆滑跑距离都增加,因此应注意以下几点:

① 起飞前必须根据飞机的性能图表确定飞机的着陆滑跑距离与着陆距离,确保飞机在预计着陆重量下和预计着陆跑道上可以安全着陆。

② 尽可能利用所有对着陆性能有力的因素着陆,如大角度襟翼、逆风、上坡、各种减速装置等。

③ 在同一表速时,进近与着陆真速或地速均增大,因此易形成目测高。拉平中应根据地速大的特点修正目视感觉,应严格按照性能图表上确定的过跑道头速度操纵。

6.6.3　积水和冰雪跑道上的起飞与着陆

所谓积水跑道一般是指积水比较厚,水深可测量出来的跑道。冰雪跑道包括结冰跑道和积雪跑道。结冰跑道是指道面结冰刹车摩擦系数为 0.05 的非常滑的跑道,在结冰跑道上着陆,不仅使滑跑距离成倍增长,而且给飞机在起飞、着陆滑跑中保持方向带来困难。积雪跑道特别是半融雪跑道,具有与积水跑道相似的性质,飞机在积雪跑道高速滑行时可能会产生滑水现象;飞机以不滑水的速度行驶,根据积雪状况,飞机可能要犁雪前进,使滑跑阻力增大。因此当跑道上有积水或冰雪时,会使飞机的起飞与着陆性能发生明显变化,在操纵方面上也有其特殊的方面。

小型飞机在积水跑道上起飞,一般对起飞性能影响不大。而着陆时,积水道面能显著地降低轮胎与道面之间的摩擦系数,当水层较厚和滑行速度较高时,轮胎与道面之间的水膜可能会使机轮完全脱离道面,出现"滑水"现象,使摩擦系数急剧减小,刹车效能完全丧失,着陆滑跑距离大大增长。对于大型飞机而言,在积水道面上着陆可能会导致严重的安全事故。

1. 起　飞

在积水和雪泥跑道上起飞,如果飞行手册提供有这些情况相对应的性能图表,则应利用这些图表尽可能准确计算起飞性能;如果没有,须按经验对正常情况下的起飞着陆数据进行修正,减轻起飞全重,用最大功率起飞,同时避免在大侧风情况下起飞。前三点式飞机在积雪道面上起飞时,可使用软道面上的起飞技术。在结冰跑道上起飞比较困难,尤其在伴随侧风或道面不平的情况下,困难更大,很难保持方向。若无较高的个人飞行技术,一般不宜起飞。

2. 着　陆

在结冰或可能发生滑水的道面上着陆,除应进行着陆性能的估算、减轻着陆重量外,在操纵上还应该注意以下几点:

① 应避免顺风和大侧风着陆,因为在这些条件下,增加了保持方向的困难。

② 飞机接地时,不要过分强调落地轻,而应确保扎实和接地点准确,扎实接地可撞透积水,减轻滑水现象。

③ 飞机接地后应及时使用减速装置,飞机三点滑跑后,稳定刹车减速。

6.6.4 短跑道上的起飞、着陆

也许是由于地形的原因,也许是因为建筑构造的原因以及其他原因等,使得跑道长度短于正常跑道,这种跑道称为短跑道,在短跑道起飞着陆的关键是:严格保持方向,尽可能缩短起飞、着陆滑跑距离。短跑道通常还伴随着净空条件差等问题,若遇到这种情况,还需要考虑飞机起飞后能否安全越障的问题。在短道面上着陆,如同在短道面上起飞一样,要求飞机发挥其最大性能。

1. 起 飞

在短跑道上起飞,首先必须确保跑道长度在飞机的极限起飞性能之内。根据飞行手册中的飞机性能图表,可以确定在特定情况下飞机的起飞距离与滑跑距离;根据经验对飞机的实际起飞性能进行判断和修正;根据机场净空条件,正确估算飞机离地后的上升能力,对飞机初始上升阶段进行越障分析,以确保飞机可以在特定条件下安全起飞。尽可能利用所有对起飞性能有利的因素,使用最大功率,逆风、下坡起飞,并尽可能减小飞机起飞重量。

从短跑道上起飞或上升,要求飞行员操纵飞机以发挥其极限起飞性能。为了使飞机得到最短的滑跑距离和最陡的上升角,飞行员需要练习对飞机姿态和速度的准确控制。在任何情况下,如有可能,关于功率设定、襟翼设定、空速值和飞行程序,应按照飞行手册中给出的执行。

为了安全地获得最大起飞性能,飞行员必须熟悉如何有效利用飞机的陡升速度和快升速度。以陡升速度飞行时,上升角最大;而以快升速度飞行时,上升率最大。这两个特定速度在飞行手册中都已给出。资料表明,对于推荐的速度,即使只有 5 kn 的速度偏差,也会使预计上升性能显著降低。因此,精确的空速操纵在这种情况下是至关重要的。

从短跑道上起飞,要求飞机从跑道的最端点开始。在跑道头上将飞机对准预计起飞方向,在松刹车前,油门加至最大。起飞滑跑前,应将襟翼角度设为飞行手册中的推荐值,这样将使飞行员的注意力完全集中在起飞中的飞行技术和飞行性能上。在离地前才放襟翼的做法并没有多大优势。在起飞滑跑过程中,对于前三点式飞机而言,其三点滑跑状态的总阻力最小,因此整个起飞滑跑过程中,都应保持三点滑跑,直至飞机加速至离地速度。为使飞机在离地后得到最陡的爬升和最好的越障,当加速滑跑至陡升速度时,应平稳坚定地向后带杆使飞机离地。离地后飞机加速增快,操纵杆使飞机速度保持不变。一旦升空,应保持陡升速度进行直线爬升直到越障,如果没有障碍物时,应爬升到距起飞表面 15 m(50 ft)。然后,适当减小姿态,加速并保持以快升速度状态上升。短道面起飞,由于发动机功率相对固定,因此速度的调整是通

过姿态的调整实现的,任何提前升空或爬升过陡的尝试,都可能导致飞机重新接地或不能完全越障。在飞机已经越障并达到快升速度以后,可以开始收襟翼,通常建议分段收襟翼,以避免升力的突然减小。襟翼全部收完后,收起落架并调整起飞功率至正常上升功率。

2. 着　陆

在正常的进近着陆中,飞机接地的精确地点往往是变动的,因为下降速度、下降角以及下降率、风等导致的漂移、姿态的变化以及拉平的飘飞等,都对接地点有较大的影响。然而,在短道面或限制区域内着陆时,飞行员必须对飞机的状态有一个精确的控制,以达到越障进近,实现无飘飞的拉平,然后在最短的距离内将飞机停止下来。进近时使用全襟翼,在距接地地区至少 152 m(500 ft)的高度上建立稳定的最后进近状态,飞行手册中没有指出时,应使用不超过 $1.3\,v_{so}$(着陆失速速度)的五边进近速度,进近速度过大将导致接地点距跑道入口太远,并使滑跑距离超过可用的着陆距离。在放下起落架和全襟翼后,飞行员应调整飞机功率和俯仰姿态,以维持适当的下降角和下降速度。功率和姿态的调整应协调进行,如果飞机越障裕度较大,接地点超过预定接地点而导致跑道长度不够时,应适当收油门,并顶杆增大下降角;如果下降角不足以安全越障,应适当加油门并带杆减小下降角。进近中应避免速度过低,如果速度过低将会导致失速。由于飞机下降角大,速度接近飞机的失速速度,因此必须精确控制飞机的拉平过程,以避免未拉平就接地或拉平过程中失速导致的下降撞地。下降速度正确时,应保持飞机拉平后没有飘飞,在可控状态下接地。接地速度应控制在飞机的最小可操纵速度附近,而接地姿态应保持在无功率失速俯仰姿态。飞机准备接地时,收油门不能过快,因为过快地收油门会导致飞机以较大的下降率接地而造成重接地。接地后,对于前三点式飞机,只要升降舵还继续有效,就应带杆保持这个姿态,这将导致较大的空气阻力以使飞机减速。一旦主轮接地,即可稳定地使用刹车减速,使滑跑距离达到最短。

例如塞斯纳 152 飞机,短跑道起飞用 10° 襟翼全跑道,从跑道端开始,在跑道端停下,然后全油门,等速度 50 kn 后拉杆,保持速度 54 kn 爬升 15 m(50 ft)后,用最佳爬升率速度爬升再收襟翼。着陆的时候,用全襟翼,速度 60 kn 着陆,当飞机接入地面时,油门抽空,踩刹车,向后拉杆,用最短的跑道长度使飞机停下来。

6.6.5　软道面上的起飞和着陆

软道面包括草地、沙滩、泥泞地、雪地等道面。在软道面上起飞着陆时有以下特点:

① 摩擦力大,起飞滑跑增速慢,同时也使着陆滑跑减速快。

② 起飞或着陆滑跑时抬前轮后俯仰姿态不易保持,比如飞机从土质硬的地方滑至土质软的地方,机轮摩擦力突然增大,下俯力矩突然增大,使飞机姿态降低;从土壤软的地方滑至土质较硬的地方,机轮摩擦力突然减小,上仰力矩突然增大,使飞机姿

态增加。

③ 滑跑方向不易保持。土质软硬不同将造成两轮摩擦力不相等,从而引起滑跑方向的改变。摩擦力大小的改变和道面不平造成的冲击,还将使机轮受到的载荷增加,高速滑行时,还可能使起落架结构受损。

④ 崎岖不平的场地还可能使飞机滑跑时产生跳跃。

在软跑道上起飞与着陆的危害主要是使机轮下陷,因为对于软跑道来说,地面强度比较低,所以尽量控制住油门,不要踩刹车,不要使飞机停下来。因为是软跑道,所以受力摩擦不平衡会导致飞机滑跑时容易改变方向。在着陆时,一定注意带油门着陆,拉平后也要带油门,不然容易导致飞机重着陆,机头先着地,螺旋桨遭到损坏。

1. 起　飞

在软道面上起飞,要求飞机在可能的情况下尽快升空,以减小草地、软沙、泥泞、雪地等道面引起的阻力。在软道面上的起飞技术也同样适于在粗糙不平的道面上起飞。软道面使飞机在起飞加速滑跑时阻力增加,如果使用正常起飞技术,飞机加速到正常起飞速度的时间要大大延长,有时甚至达不到。

在这种道面上的起飞程序是有别于在坚硬、平滑的短道面上的起飞程序的。为减小阻力,必须尽快将支持飞机重力的地面支撑力转换到机翼升力上来。为此,起飞前将襟翼放在起飞位置,在滑进软道面的滑行过程中,如可能,飞机应保持一个较大的滑行速度,直至起飞滑跑。停止滑行可能导致飞机陷入泥泞或积雪。

飞机对正预计起飞方向后,平稳、快速地加油门至最大功率,对于前三点式飞机,向后带杆以减小前轮正压力。在起飞滑跑中,应尽可能早地使用升降舵将飞机维持在一个较大的迎角或较高的姿态上进行两点滑跑,随着速度增加,升力增加,地面的摩擦阻力和冲击阻力随之减小。如果飞机的姿态得以很好地维持,飞机最后将以小速度升空。由于地面效应的存在,这个速度甚至小于飞机能安全爬升的速度。飞机离地后,应柔和地降低机头,使飞机维持在一个刚好离开地面的高度上飞行,平飞加速至快升速度,如果同时伴随着净空条件不好,则应加速至陡升速度。低高度平飞加速时,必须特别注意控制飞机,以防止飞机重新接地。由于地面效应只在接近地面飞行时才存在,故任何提前爬升的尝试都可能由于地面效应的减弱而导致飞机重新接地。待飞机建立确定的上升状态和飞机速度超过快升速度以后,再收起落架和襟翼,在起飞后需要立即越障的情况下,越障爬升应以陡升速度进行,越障后再加速至快升速度,然后收襟翼和起落架,同时减小发动机功率至正常上升状态。

2. 着　陆

软道面着陆的要点是在着陆滑跑中控制飞机,使机翼升力在尽可能长的时间范围内支持飞机重量,减小机轮和道面间的正压力,以减小阻力和机轮受到的冲击。在较长的软道面上进近时使用的技术,和正常进近的技术基本上是一样的。进近着陆时,其区别在于软道面着陆要求飞机接地前,应尽可能保持在离地 0.3~0.6 m(1~2 ft)的高度上飘飞减速,使飞机以最小的速度接地。

着陆时使用全襟翼,以减小接地速度。对于下单翼飞机,着陆时机轮上扬起的泥泞、石子和雪浆可能对襟翼造成损坏。尽管如此,也不推荐在着陆滑跑过程中收起襟翼,因为着陆中维持对飞机的安全控制要更为重要。对于前三点式飞机,主轮接地后,飞行员应带杆抬起前轮,直到用气动力不能保持两点滑跑时为止,然后再使前轮柔和地接地。

滑跑中应避免使用刹车,因为刹车会导致前轮早接地或重接地,从而使前轮承受较大的载荷,滑跑中软道面本身就能提供足够的减速力。在较软的道面上滑跑或滑行时,可能需要带油门保持一定的速度,以使飞机不至于陷入道面。

举例来说,塞斯纳 152 飞软跑道起飞一直拉着杆,用 10°襟翼,当机头上扬主轮开始离地的时候保持地面效应,当速度爬到最佳爬升率的速度时,保持 70 kn 爬升再收起襟翼即可。降落的时候,用全襟翼,保持 60 kn 的速度,用油门 1 000～1 200 r/min 着陆,当轻着陆后再抽空油门,向后拉杆,不要踩刹车。

思考题

6-1　解释下列术语:

①抬前轮速度(v_R);②起飞安全速度(v_2);③着陆参考速度(v_{REF});

④起飞滑跑距离;⑤起飞距离;⑥着陆滑跑距离;⑦着陆距离。

6-2　阐述起飞过程中飞机各力及力矩的变化及操纵原理。

6-3　阐述在着陆特别是侧风情况下着陆时,力和力矩的变化及相关操纵原理。

6-4　着陆分哪几个阶段,各阶段如何操纵?

6-5　如何修正侧风对起飞着陆的影响?

6-6　着陆中常见偏差有哪些? 如何修正?

6-7　目测的基本原理是什么?

6-8　阐述积水和冰雪跑道上的起飞着陆特点。

第7章 特殊飞行

本章介绍飞机在飞行中可能遇到的一些特殊情况,主要包括失速、螺旋、颠簸飞行、飞机积冰、低空风切变等。了解这些特殊情况对于保证飞行安全有重大意义。

7.1 失速与螺旋

飞机的迎角超过了临界迎角就会造成飞机失速,失速会对飞机的安全造成威胁。而造成失速的原因可能有很多种,如飞机的重量、风切变、飞机积冰、飞行员操作不当等。失速发生后,飞机会在一定程度上难以控制并且会大幅度地降低高度,如果处理方法不当,飞机可能进入更加危险的螺旋阶段,这个阶段的飞机会变得更加难以改出。失速与螺旋关系到飞行安全,飞行员应该清楚飞机的失速性能,这样才能防止飞机进入失速和螺旋。即使飞机误进入失速与螺旋,也能正确及时地改出,以保证飞行安全。

7.1.1 失 速

1. 失速原因

失速是指飞机的迎角超过了临界迎角后,飞机的升力急剧下降,飞机的阻力大幅上升的状态。

失 速

飞机机翼前缘将空气分离后空气沿翼面流过,于机翼后缘汇合。对于上翼面,由于正迎角和翼面外凸的影响,流管收缩,流速增大,压力降低;而下翼面则气流受阻,流管扩张,流速降低,压力增大,上下压差产生升力。贴近机翼表面一定距离的空气会形成附面层。紊流附面层的空气很容易产生分离。通常,飞机以一定的迎角飞行,升力会随迎角的增加而增加,机翼的压力中心前移,紊流附面层前移,层流附面层减少。当迎角超过临界迎角的时候,紊流附面层的空气完全分离,上翼面产生空气涡流,升力骤减,阻力急剧增大,使得飞机的飞行速度迅速降低、高度下降、机头下沉,以致不能保持正常的飞行状态,进入失速,如图7.1所示。

失速产生的根本原因是飞机的迎角超过临界迎角,然而不管飞机空速、重量、载荷因素或密度高度的大小,一个飞机总会在同一个迎角失速。失速后,除飞机会产生气动抖动外,飞行员还会感到飞行速度迅速降低、飞机下降、机头下沉等现象。

2. 失速速度

飞机刚进入失速时的速度,称为失速速度(v_s)。失速的产生取决于飞机迎角是

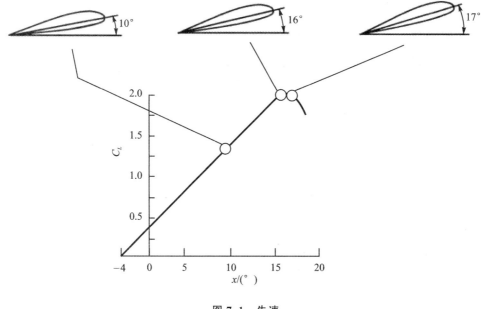

图 7.1　失速

否超过临界迎角,在飞行状态一定的情况下,速度与迎角之间有着一定的关系。飞机速度为失速速度时,飞机迎角为临界迎角。

飞机临界迎角对应的升力系数为最大升力系数,根据升力公式

$$L = C_{L.\max} \cdot \frac{1}{2} \rho \, v_s^2 \cdot S$$

失速速度可表示为

$$v_s = \sqrt{\frac{2L}{C_{L.\max} \rho S}} \qquad\qquad (7-1)$$

飞行状态不同,载荷因数不同,失速速度也不同。在任何飞行状态下,失速速度均应根据当时的载荷因数来确定。

由载荷因数定义,有

$$L = n_Y W$$

代入式(7-1),有

$$v_s = \sqrt{\frac{2n_Y W}{C_{L.\max} \rho S}}$$

飞机平飞时,$n_Y = 1$,所以平飞时的失速速度 $v_{s\text{平}}$ 为

$$v_{s\text{平}} = \sqrt{\frac{2W}{C_{L.\max} \rho S}}$$

因此,失速速度 v_s 最终可表示为

$$v_s = \sqrt{\frac{2n_y W}{C_{L,\max} \rho S}} = v_{s\Psi} \sqrt{n_Y} \qquad (7-2)$$

由式(7-2)可见,飞机重量增加,失速速度增大;放下襟翼等增升装置,飞机的最大升力系数增大,失速速度相应减小。飞机在平飞转弯或者盘旋中,随着坡度的增大,对应的速度也增大。另外,遇扰动气流、飞机积冰(雪、霜)、操纵不协调也会使失速速度增大。重心靠前也会使失速速度增大。不同飞行状态下的失速速度是平飞失速速度的 $\sqrt{n_Y}$ 倍。

飞行手册中通常会提供飞机在特定重量下,不同飞行状态和不同襟翼位置时的失速速度,其中 v_{s1} 常用来表示特定构型下的失速速度或最小稳定飞行速度;v_{s0} 常用来表示着陆状态下的失速速度或最小稳定飞行速度。

3. 失速警告

要想防止飞机进入失速或及时改出失速,首先需要正确判断飞机是否接近或者已经失速。这就要求当飞机接近失速时,给飞行员提供一个正确无误的失速警告,引起飞行员的注意,以便及时采取措施,避免飞机失速。失速警告分为自然警告和人工警告。

(1) 自然警告

自然警告包括驾驶杆与脚蹬抖动、机身摇晃、飞机结构振动。当飞机接近失速时,由于机翼上表面气流分离严重,飞机及驾驶杆出现抖动。无助力装置的飞机,会感到操纵杆舵变轻,飞机有一种操纵失灵的感觉,这就是失速的警告信号。随着迎角的进一步增大,抖振、摇晃进一步加剧,飞机加速进入失速。做机动动作进入失速时的抖振、摇晃要比平飞进入失速时更为猛烈。这是因为飞机接近临界迎角时,机翼上表面气流产生了强烈的分离,从而产生了大量的涡流。气流的这种分离是周期性的,这些涡流时而被吹离机翼,时而又在机翼上产生。机翼表面的气流分离时而严重,时而缓和,使得机翼的升力时大时小,整个机翼升力的这种周期性变化,促使飞机产生抖动。气流分离产生的大量涡流陆续流过副翼和尾翼,不断冲击各舵面,带动驾驶杆和脚蹬也产生抖动。

(2) 人工警告

随着机翼翼型设计的改进,流过机翼表面的气流分离大大推迟,即气流分离要在更大的迎角下才发生,这样飞机失速前的自然警告很不明显。单靠自然失速警告很难防止飞机失速。现在的飞机都安装了人工失速警告,主要形式为失速警告喇叭、失速警告灯和振杆器。

失速警告喇叭和失速警告灯主要用于轻型通用航空飞机,这种警告系统由装在机翼前缘的迎角探测器(风标式失速传感器或压力传感器)和警告喇叭(或警告灯)组成。当机翼迎角接近临界迎角时,迎角探测器被气流激活,电路接通,触发失速警告喇叭或失速警告灯,失速器就会发出"吱吱吱"的响声(失速警告灯就会自动变红),提醒飞行员飞机将要进入失速状态,应该做出相应的措施预防飞机失速。多数警告系统在速度高于失速速度 5～10 kn 时触发失速警告喇叭或失速警告灯。例如，DA－20 飞机在接近失速时会有蜂鸣声报警，提醒飞行员飞机即将进入失速状态。

这是失速的第一个预兆，现在飞机都安装有失速警告器，当速度接近于失速速度时，随后飞行员就应该做出反应，迅速增加油门或减小迎角，使飞机速度增加，预防失速。

振杆器是目前广泛使用的人工失速警告，主要用于大型飞机，也是由迎角探测器探测飞机迎角。当飞机迎角增大至一定值时（速度大于失速速度的 7%），电路接通，启动电动机，使驾驶杆抖动发出失速警告。飞机安装振杆器是为了使飞机在失速前的预兆更加强烈，自然警告系统中的驾驶杆振动有可能不是很明显，在此基础上安装振杆器会使飞行员感受到强烈的驾驶杆振动，预知飞机将要进入失速状态，便可提前做出相应的措施，防止飞机进入失速状态。

飞机在失速时，驾驶员会感觉到操控杆明显的抖动，难以控制方向，飞机操控面的效应降低，完全失速后机头会突然下沉。正确快速地判断飞机是否失速，是保证及时有效地改出的最有效办法。

4. 失速改出

失速警告可以防止飞机进入失速，若飞行员思想麻痹或者操纵错误，仍有可能使飞机进入失速，因此飞行员应该学会改出失速的方法。

失速一般分为无动力失速、带动力失速、二次失速、加速失速、交叉控制失速和升降舵配平失速。

无动力失速与进近状态有关，通常在起落架和襟翼放下时出现。带动力失速与起飞、离地爬升状态有关，通常在收起落架、襟翼置于起飞状态时出现。如果没有正确地从失速中改出，可能导致二次失速或螺旋。加速失速是由粗猛操作或过操作造成的，通常在机动飞行中出现。飞机在进行大坡度转弯和快速俯冲拉起等与高过载和急剧改变飞行轨迹有关的操纵时容易发生加速失速。交叉控制失速主要是由于飞行员盘舵操纵不协调而导致的失速，这种失速最容易发生在准备第五边进近着陆的四转弯时。升降舵配平失速最有可能发生在着陆进近后转为复飞时，升降舵配平失速训练的主要目的是认识并防止复飞时没有正确控制飞机状态。

飞机失速的根本原因是迎角超过临界迎角，因此，不管在什么飞行状态，只要判明飞机失速后，应立即推杆来减小迎角，使飞机机头下沉，直至飞机迎角减小到小于临界迎角后（一般以飞行速度大于 $1.3v_s$ 为准），柔和拉杆改出至平飞。还应该注意的是，在减小迎角的同时应蹬平舵防止进入螺旋。

值得注意的是，在推杆使飞机迎角减小的时候，绝不可以单以飞机的俯仰姿态作为飞机是否改出失速的依据。因此向前推杆后，机头虽不高，甚至呈下俯状态，但由于飞机运动轨迹向下弯曲，飞机的迎角仍会大于临界迎角。若此时飞行员误认为飞机已经改出失速，过早地把飞机从不大的俯冲姿态中拉起，飞机必然重新增大迎角，而陷入二次失速，以致改出更加困难，甚至改不出来。所以掌握好从俯冲中改出的拉杆时机很重要,一方面要防止高度损失过多,速度太大;另外一方面要避免改出动作过快,以致陷入二次失速。

当飞机发生失速时,必须采取有效的方法将其改出,DA20 型飞机改出失速的方法具体包括以下几种:首先是带动力失速的改出,此种改出方式需要加满油门,通过增加气流流过操纵面的量来增加其操纵效应,在推油门的同时需要向前松杆,以避免飞机在满油门时因推杆量过大而进入加速下降状态,与此同时蹬舵修正飞机姿态保持机翼的水平航向,当飞行速度大于 65 kn 且建立合适的爬升率时收襟翼至巡航位,进入安全高度改平飞,并适度调节油门。其次是无动力失速的改出,在此种改出方法中,基本操作与带动力失速的改出方法基本一致,区别在于将襟翼收回至起飞位。如果飞机在进近时发生失速,应当立即改出并复飞,重新建立稳定的进近以保证飞行安全。如果飞机发生二次失速,飞行员应加满油门,同时向前松杆,确保得到足够的空速后迅速拉起。

7.1.2 螺 旋

螺旋是指飞机失速后,产生的一种急剧滚转和偏转的运动,是飞机机头朝下绕空中某一垂直轴沿半径很小很陡的螺旋线急剧下降的一种飞行状态。螺旋是一种非常危险的情况,在飞行中有时会出现飞机突然失去控制,一边下坠一边偏侧翻转。按正常的操纵方法操纵飞机,飞机非但没有反应,反而有恶化的趋势。

螺 旋

如今螺旋作为飞行训练中很重要又技术含量很高的特技动作之一,要求飞行学员通晓其原理并熟练掌握。不管是小型训练机 C‑172、SR‑20 还是高性能训练机 KING‑AIR,甚至大型客机 B‑787 都有螺旋发生的可能性。

1. 螺旋的原因

飞机的螺旋是由飞机超过临界迎角后机翼的自转引起的。在螺旋形成前,一定出现失速。失速是协调的机动飞行,因为两个机翼失速程度几乎相同,而螺旋则是两个机翼失速不一致的不协调的机动飞行。在这种情况下,完全失速的机翼常常先于另一个机翼下沉,机头朝机翼较低的一边偏转从而飞机丧失横侧阻尼(如侧滑),形成机翼自转而进入螺旋。以进入右螺旋为例,在迎角超过临界迎角的情况下,出于某种原因飞机向右滚转时,右机翼下沉,迎角增大,升力系数反而减小,产生负的附加升力。左翼上仰,迎角减小,接近临界迎角,升力系数反而增大,产生正的附加升力。左、右机翼附加升力所形成的力矩不仅不能阻止飞机向右滚转,反而迫使飞机加速向右滚转,这种现象称为机翼自转。飞机进入向右的自转以后,其升力不仅减小,而且方向因飞机滚转而不断向右倾斜。这时升力在垂面内的分力小于飞机重量,飞机将迅速下降高度,运动轨迹将由水平方向逐渐转向垂面方向。升力在水平面内的分力起着向心力的作用,使飞机在下降过程中向右做小半径的圆周运动。同时由于气流方向不断改变,在稳定性的作用下,飞机向右旋转,于是飞机便进入一面旋转,一面沿螺旋轨迹下降的右螺旋。

高速后掠翼或三角翼飞机,由于迎角超过临界迎角后,起初升力系数下降是平缓的,不易形成机翼自转,飞机不易进入螺旋,除非侧滑角较大,才可形成机翼自转而进入螺旋。但是飞机往往在失速后,会出现方向发散,且出现侧滑,则侧滑角自动增大,继而形成机翼自转,而使飞机坠入螺旋。

2. 螺旋的阶段

螺旋是一种非正常的飞行状态,它的特点是迎角大、旋转半径小、旋转角速度快和下降速度快。在轻型训练飞机上,完全的螺旋由三个阶段组成,即初始螺旋阶段、形成阶段和改出阶段。初始螺旋阶段是指从飞机失速到螺旋全面形成的阶段。螺旋的全面形成是旋转角速度、空速和垂直速度比较稳定,而且飞行路径接近垂直的阶段。螺旋的改出阶段是从施加制止螺旋的力开始,直至从螺旋中改出的阶段,如图 7.2 所示。

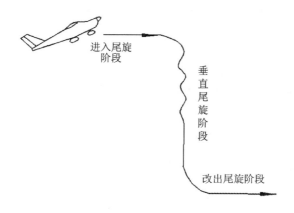

图 7.2　螺旋的阶段

3. 螺旋的判断和改出

螺旋是飞机失速后机翼自转产生的,因此改出螺旋的关键在于制止机翼自转和改出失速。改出失速只要推杆使迎角小于临界迎角即可,制止机翼自转的有效办法是向螺旋反方向蹬舵。蹬舵产生的操纵力矩可制止飞机的偏转,同时造成内侧滑,使内侧机翼升力大,外侧机翼升力小,可有力地制止飞机的滚转。

飞机发生螺旋后,应将油门收到慢车位置并确认襟翼已收起,带功率经常导致较小的螺旋姿态与较大的旋转速率,从而恶化螺旋的特性。驾驶盘应放在中立位置,因为副翼的操纵会对螺旋的改出起副作用。向旋转方向压盘会使旋转速率增大从而推迟螺旋的改出,向反方向压盘则会导致情况恶化,所以最好的做法是保持驾驶盘中立,并立即向螺旋反方向蹬舵到底制止机翼自转,紧接着顶杆减小迎角,当旋转停止时,将方向舵恢复到中立位置,如果此时舵未回平,偏转舵面上产生的气动效应会使飞机偏转并产生侧滑。同时,柔和地向后拉杆将飞机从下俯的状态中改出,带杆动作不要太剧烈,过大的带杆力会造成二次失速并导致再次进入螺旋,改出过程中注意不要超过载荷限制和速度限制。

当飞机进入螺旋以后,应当将油门收到慢车位置,驾驶杆放在中立位置,向旋转的反方向蹬满舵。当旋转速度减慢时,轻快地推杆以减小迎角;当旋转停止时,蹬平舵使方向舵回到中立位置,这样就能改出了。

7.2 在扰动气流中的飞行

飞机在飞行中遇到扰动气流时,将受到不均匀的空气动力冲击,造成飞机左右摇晃、前后巅顿、上下抛掷,即为飞机颠簸。颠簸对飞行有很大影响,使飞机仪表不准,操纵困难。颠簸强烈时,一分钟内飞机上下抛掷十几次,高度变化由数十米到数百米,即使飞行员全力操纵,飞机仍会暂时失去控制。当颠簸特别严重时,产生的较大过载因素会造成飞机解体,从而威胁飞行安全。因此了解颠簸对飞行的影响以及飞行中应采取的措施,对于飞行员保持安全、正常的飞行是十分重要的。

7.2.1 颠簸的形成

由于各种不同的原因,在大气中存在着空气紊乱流动的现象,大大小小的旋涡和不规则的波动交织在一起,使得大气中某一区域中任一点的空气流动的方向、流动的速度呈现随机变化。当飞机在这些区域飞行时,会受到方向和强度均有明显变化的阵性风,致使作用于飞机上的力和力矩发生不规则的变化,空气动力及其力矩的变化又引起飞机的平衡和载荷因数的变化,就会产生颠簸。

阵风方向在一般情况下与飞机运动方向不一致,这种阵风分为水平阵风和垂直阵风,而水平阵风又分为航向阵风和侧向阵风。

1. 航向阵风

航向阵风是水平阵风的一种,它会改变飞机的空速。

若突遇逆风,飞机迎角不变,由于惯性,飞机空速增加,相应升力增大,飞行在附加外力的作用下向上做曲线运动,使高度升高,飞机上仰,载荷因数增大,飞行员有压向座椅的感觉,如图7.3所示。

若遇顺风,则相反,空速减小,升力减小,飞机向下做曲线运动,使高度降低,飞机下俯,载荷因数减小,飞行员有离开座椅的感觉。

航向阵风使空速时大时小,升力也就时大时小,飞机就会忽上忽下而形成颠簸。

2. 侧向阵风

侧向阵风也是水平阵风的一种,它将使飞机产生侧滑。若飞机遇到右侧风,气流相对于飞机从右侧吹来,产生右侧滑。由于飞机有侧向静稳定性,右侧滑角将会产生使飞机向左滚转、向右偏头的力矩,引起飞机摇晃、摆头而破坏平衡,但只有在大迎角时才比较明显,一般情况下不考虑。

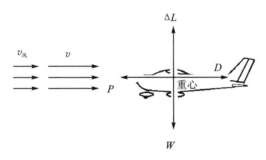

图 7.3 水平阵风引起的颠簸

3. 垂直阵风

当飞机在平飞中突然遇到向上的垂直阵风时,相对气流会下斜,飞机的迎角增加,升力增大,飞机突然上升;当飞机突遇下降的垂直气流时,飞机的迎角减小,升力减小,飞机将突然下降,如图 7.4 所示。

由于乱流中垂直阵风的大小、方向变化不定,所以飞机会因升力不断急剧改变而呈现忽升忽降的颠簸状态。如果作用在左右机翼上的垂直阵风的方向和大小不一致,那么飞机就会出现摇晃现象。如果作用的时间短促而频繁,则还会使飞机产生抖动。

在垂直阵风和水平阵风的作用下飞机就会出现各种颠簸状态。虽然垂直阵风和水平阵风都会引起飞机颠簸,但它们的作用大小却不可相提并论。计算表明,在垂直阵风风速和水平阵风风速大小相等的情况下,当飞机的迎角为 $10°$ 时,由垂直阵风引起的升力增量约为水平阵风的 3 倍;当飞机的迎角为 $2°$ 时,由垂直阵风引起的升力增量约为水平阵风的 14 倍。由此可见,垂直阵风对飞机形成的颠簸比水平阵风对飞机形成的颠簸要强烈得多,可以说垂直阵风的强度决定了飞机颠簸的强度。

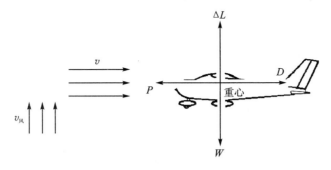

图 7.4 垂直阵风引起飞机的颠簸

7.2.2 颠簸的强度

飞机颠簸强度与飞机大小、机翼载荷、空速和飞行高度都有关系,颠簸强度的划分有两种方式。一是根据飞行员感觉和目测的飞行状态划分等级;二是根据飞机在垂直方向承受的负荷变量划分。通过感觉和目测判断飞机的异常程度，一般把颠簸分为轻度颠簸、中度颠簸、严重颠簸和极严重颠簸 4 种类型。这种划分带有一定的主观性，根据垂直阵性气流产生的载荷因素的变化，即飞机受到的垂直加速度的变化，可以客观地划分颠簸强度，如表 7.1 所列。

表 7.1　飞机颠簸强度的划分

强　度	飞机状态变化	机舱中的反应	阵风风速/(m·s^{-1})
弱	飞机姿态短暂变动，航向稍微有变动，或者飞机没有显著高度变化或偏航情况下有轻微的震动	乘员感到安全带或肩带稍稍拉紧，饮食照常，步行无困难；未固定的物品仍保持不动	1.5～6.1
中	与颠簸类似，但强度增强，飞行姿态、飞行高度及航向均有变化，但飞机保持无反向操纵；或飞机在有显著高度变化、滚转及偏航情况下，出现急剧抛掷或冲击	乘员感到安全带绷紧，进食和步行困难；未固定的物品发生移动	6.1～10.7
强	飞机姿态、飞行高度及航向均有变化，引起的指示空速变化大，短时内飞机失去操纵	成员被迫系紧和一再抓住安全带或肩带，进食及步行已无法进行；未固定物品颠簸不已	10.7～15.2
极强	飞机被急剧、频繁地上抛下掷，事实上已无法操控，可能造成飞机结构损坏	—	>15.2

7.2.3　颠簸对飞行性能的影响

1. 平飞最小速度增大

低速飞行中，迎角增大到一定值时，机翼局部剖面上表面附面层气流发生明显分离，会引起飞机抖动。迎角越接近临界迎角时，气流分离越严重，飞机抖动越明显，这种由迎角大小决定的抖动称作低速抖动。

高速飞行中，由于机翼上表面产生了局部超声速区和局部激波，使附面层分离，也会引起飞机抖动，称作高速抖动。

飞机开始抖动的迎角称为抖动迎角，现代大型高亚声速飞机，为保证安全，把抖动迎角作为飞行中最大允许迎角，其所对应的升力系数作为抖动升力系数或最大允许升力系数，以抖动迎角平飞所对应的平飞抖动速度就是平飞最小允许速度。若只要求飞机不失速，而允许飞机迎角超过抖动迎角，显然这时的最大允许迎角就是临界迎角，平飞最小允许速度就是平飞失速速度。

在稳定气流中飞行，飞机的平飞最小速度受临界迎角限制。在扰动气流中飞行，飞机若突然遇到上升气流,由于相对气流的方向改变,迎角突然增大,有可能达到抖动迎角或临界迎角。为了使增大后的迎角不大于抖动迎角或临界迎角,在扰动气流中飞行时,使用的最大迎角应比抖动迎角或临界迎角小一些,平飞最小速度也就要相应增大一些,大于平飞抖动或平飞失速速度。扰动气流增强时,引起迎角变化量增大,则平飞允许使用的最大迎角减小,平飞最小允许速度增大。

2．平飞最大允许速度减小

平飞中,遇到不稳定的上升气流,由于迎角增大,使外力和载荷因数增大。上升气流速度大,它所引起的迎角变化量大,升力变化量也大,所以载荷因数变化量大;飞行速度大,在相同的上升气流作用下,虽然迎角变化量小,但因相对气流速度大,升力变化量也大,载荷因数变化量也大,因此颠簸飞行中的最大允许速度减小。

3．正确选择颠簸飞行速度

在扰动气流中飞行,平飞最小速度增大,平飞最大速度减小,因而平飞速度范围缩小。升降气流速度越大,平飞速度范围越小。当升降气流速度增大到一定值时,平飞最小允许速度等于平飞最大允许速度,平飞速度范围缩小为 0。因此在实际飞机中如遇到强烈颠簸,要及时绕开,或者返航备降。

在扰动气流中,选择平飞最小允许速度与平飞最大允许速度之间的任一速度平飞都是安全可靠的。但是,在该速度范围内,如果选择的速度比较小,当受扰动气流影响时,则迎角变化较大,飞机俯仰摆动和左右摇摆较明显,不利于按仪表保持飞机的状态。如果选择的速度比较大,则受到扰动气流时,载荷因数变化较大,飞机会产生明显的上下颠簸,也会给操纵带来困难。因此,在颠簸飞行中应该严格按照本机型颠簸速度飞行。例如,波音 737 低空表速为 270 kn,高空表速为 463 kn;波音 757 低空表速为 290 kn,高空表速为 516 kn。

4．飞机进入颠簸区后应采取的措施

飞行员应与空中交通管制人员合作,尽量避开颠簸区,如果一旦进入,或者必须要穿越急流区,应采取以下方式进行操作:

① 不要做大的机动动作。在颠簸区中飞行时,飞机所承受的载荷等于飞机平飞时的载荷量加上飞行员操纵飞机做机动飞行时产生的以及阵风产生的载荷变化量。一般来说,颠簸时对飞机结构造成的损坏,大多数都是由于飞行员机动动作过快所产生的载荷量较大,再加上阵风产生的载荷量造成的。因此,为了避免飞机结构的损坏,在颠簸区中飞行时,应尽可能地减小机动动作,限制急速或者过度转弯。

② 不必严格保持俯仰量。其实飞行中,飞机本身的稳定性会使颠簸引起的载荷量减小。飞行员可以依靠飞机本身的稳定性来恢复迎角,不必过度地干预飞机俯仰姿态的变化,因为飞行员无法预知下一个颠簸所带来的飞机姿态的改变程度。飞行员只须柔和地操纵升降舵,保证飞机处于正常的飞行姿态,当飞机快要回到正常的姿态时,保持升降舵回到中立位置即可。用这样的操纵方法,可以避免过度俯仰或者过度倾斜,减小变化的幅度,产生的机翼载荷量也较小,从而应付颠簸所带来的飞机姿

态的改变。

③ 采取适当的飞行速度。在颠簸区中飞行时,飞行速度不能过大或过小。速度过大,当遇到最大垂直阵风时,载荷因数变化量大,可能引起飞机结构的损坏;速度过小时,迎角过大,当遇到最大垂直阵风时,迎角再增大就可能超过失速迎角,造成失速。所以,按最大垂直阵风下飞机结构可能承受的最大强度来确定飞行速度的最高限度,按最大垂直阵风下不失速来确定飞行速度的最低限度,然后将颠簸飞行的速度保持在这两者之间。这样,就既可防止结构的损坏,又可防止失速。

7.3 在积冰条件下的飞行

飞机积冰是指飞机机身表面某些部位聚集冰层的现象,它是由云中过冷水滴或降水中过冷雨滴碰到机体后冻结形成的,也可由水汽直接在机体表面凝华而成。特别是冬季,云中温度低于 0 ℃时,飞机极易产生积冰。

飞机积冰会使飞机的空气动力性能变坏,稳定性、操纵性变差,飞行性能下降,发动机工作不正常,同时飞行仪表指示发生误差,挡风玻璃模糊不清等。因此,飞机积冰也危及航空飞行安全。

本节主要说明积冰对飞行的影响以及在积冰条件下飞行的操纵特点。

7.3.1 积冰的机理

在大气中经常存在着温度在 0 ℃以下仍未冻结的过冷水滴,这种过冷水滴多出现在 −20～0 ℃的云中。实践表明,过冷水滴的状态是不稳定的,稍受震动即冻结成冰。因此,当飞机在含有过冷水滴的云中飞行时,若机体表面温度低于 0 ℃,过冷水滴就会在机体表面某些部位冻结并聚集成冰层,冻结过程的快慢与过冷水滴含量和机体表面的温度有关,温度越低,冻结越快,过冷水滴越多,冰层越厚。

过冷水滴的含量、大小、温度和冻结的快慢不同,飞机积冰的结构、坚实程度和外观也各不相同。飞机积冰的种类大致可分为霜、明冰、雾凇和毛冰 4 种类型。

7.3.2 飞机积冰的危害

飞行中,飞机积冰多发生在飞机外露突出的迎风部位,容易出现积冰的部位主要有机翼、尾翼、风挡、发动机、桨叶、空速管、天线等。任何部位的积冰都会使飞机的空气动力性能变坏,都会影响飞机性能,其中尤以机翼、尾翼积冰的影响最为突出,机翼和尾翼积冰,使升力系数下降,阻力系数增加,并可引起飞机抖动使操纵发生困难,严重时可造成航空事故。

1. 机翼积冰对飞机气动性能的影响

机翼是飞机最容易结冰的部位之一,由于云中含水量、水滴大小、冷却冻结程度以及飞行速度大小不同等原因,机翼上聚积的冰层在结构、附着强度和外观上也各有不同,最常见的有毛冰(楔形冰)、混合冰和明冰(双角混合冰)等,如图 7.5 所示。

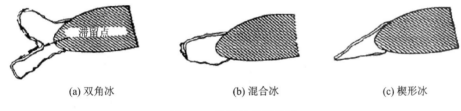

(a) 双角冰　　　　　　(b) 混合冰　　　　　　(c) 楔形冰

图 7.5　冰层的常见类型

机翼前缘积冰使机翼变形。机翼积冰既影响附面层内气流的流动,又改变了机翼原来的流线型形状,破坏机翼的流态,使升力系数减小,阻力系数增大,同一迎角下的升阻比变小,机翼的最大升阻比降低。机翼积冰后,飞机将在更小的迎角下发生气流分离,致使临界迎角变小,最大升力系数随之降低,增加了失速的可能性。失速增加是危险的,特别是带霜、雪或冰起飞和着陆时失速的可能性增加,会造成事故。

2. 尾翼积冰对飞机平衡、稳定性和操纵性的影响

尾翼结冰除了使飞机阻力增加外,还会破坏飞机的力矩平衡,使飞机的稳定性和操纵性变差。

平尾结冰和机翼结冰一样,会使同一迎角下平尾升力系数降低,造成平尾对全机力矩的贡献减小,飞机俯仰静稳定性变差。同时还会造成升降舵效能降低,杆力变轻。尤其在着陆进场阶段,飞机放下大角度襟翼,机翼升力系数增大,同时气流下洗角增大,流向平尾的气流更加向下倾斜,平尾负迎角很容易超过平尾的负临界迎角而使平尾失速。一旦出现这种情况,平尾产生的抬头力矩将会大大减小,使飞机失去俯仰平衡,升降舵失去效用,造成拉杆也无法制止飞机下俯的危险情况。

垂尾积冰与平尾积冰一样,会使垂尾的临界侧滑角减小。当侧滑角超过垂尾临界侧滑角时,垂尾侧力急剧减小,使侧向操纵性变差,甚至出现反操纵。因此,在垂尾积冰条件下操纵飞机时,侧滑角应有一定的限制。螺旋桨飞机由于螺旋桨扭转气流的影响,常使垂尾两侧积冰强度有着明显区别,迎扭转气流一侧积冰强,而背扭转气流侧积冰弱,这就造成飞机总是有向一边偏转的趋势,给航向的保持带来困难。

飞行中,操纵面积冰后,操纵杆力、操纵效能等都会发生变化,如果操纵面的缝隙有冰,如在后退式襟翼、开缝襟翼等对接处有水汽冻结时,不仅降低操纵效率,严重时还会出现卡死现象,使操纵性能完全失效。

7.3.3　积冰后飞机飞行性能的变化

飞机积冰后,阻力增大,平飞所需功率或所需拉力增加,加之发动机的可用功率或可用拉力减小,所以平飞最大速度、上升角、上升率和上升限度均减小。

飞机积冰后,最大升力系数降低,所以平飞最小速度(平飞失速速度)增大,平飞速度范围缩小。

在起飞中,机翼表面以及襟翼前缘结冰时,不仅飞机的空气阻力显著增大,且在同样的迎角和速度下,飞机升力变小,使起飞滑跑过程中的摩擦阻力增大,其结果是飞机加速力减小,起飞滑跑距离大大增加。若保持同样的离地迎角,由于升力系数小,离地速度就要增大;若保持同样的离地速度,离地迎角就应增大,这又要导致机尾擦地。离地后,因飞机阻力增大,剩余功率或剩余拉力减小,飞机加速到安全速度的时间延长,起飞后的爬升梯度也减小,增加了越障的困难。巡航阶段,飞机的航程、航时都要减小;着陆阶段,着陆速度、着陆滑跑距离都增大,平尾配平困难。

积冰改变了翼型的气动外形,因而改变了翼型焦点的位置,对重心位置也有一定的影响,这都会改变飞机的纵向静稳定性;同时也使得飞机的纵向动稳定性发生变化,响应的时间、振幅都会变化。

7.3.4 积冰条件下飞行的操纵特点

各型飞机在积冰条件下飞行,操作上各有其特点,各型飞机飞行手册中均有详细说明。飞行员应严格遵守执行。这里就一些共性的问题作一介绍。

飞行前应做好预防积冰的准备工作。飞行前认真研究航线天气及可能积冰的情况,做好防积冰准备是安全飞行的重要措施。飞行前还应仔细了解飞行区域的云、降水和气温分布情况,特别是−15～0 ℃等温线的位置,根据飞行速度、航线高度等条件判明可能发生积冰的区域,确定避开积冰区域的方法;如必须通过积冰区域,就应提前打开防冰装置,选择积冰强度弱和通过积冰区最短的航线,并做好除冰准备。当在起飞前观察到或怀疑飞机上有冰、雪时,应该对机翼、尾翼进行检查、除冰。检查防冰装置,清除机面已有积冰、霜或雪。

飞行中遇到积冰时,应采用改变飞行高度和航线等方法避开积冰区。当飞机进入积冰区已开始积冰时,应利用除冰装置及时清除。如果积冰强度很弱,对飞行没有多大影响,飞行时间又不长,可继续飞行;如果积冰强度较强,影响飞行的操纵,应迅速脱离积冰区。

在机翼、尾翼都积冰的情况下着陆时,应尽可能用防冰、除冰设备,若除不掉或来不及除掉时,只允许放小角度襟翼,以免造成拉杆也无法制止飞机下俯的危险情况。如果不能准确判明飞机是否结冰,仍按正常程序实施着陆。在放下襟翼后,飞机动态发生非操纵变化时,应立即将襟翼收起,或只放小角度襟翼着陆。

7.4 低空风切变

在日常的飞行活动中,影响飞行安全的因素很多,而其中的低空风切变对飞机的低空状态安全的影响尤为重要。国际航空界公认低空风切变是飞机起飞和着陆阶段的一个重要危险因素,容易造成严重事故,被人们称为"无形杀手"。由于风切变现象具有时间短、尺度小、强度大的特点,从而带来了探测难、预报难、航管难、飞行难等一系列困难,是一个不易解决的航空气象难题。

本节主要介绍低空风切变的定义以及表现形式,讨论低空风切变对起飞上升和着陆下降的影响及如何避免低空风切变。

7.4.1　风切变定义

风切变是指空间两点之间风的矢量差,即在同一高度或不同高度短距离内风向和风速的变化。在任何高度上都可能产生风切变,对飞行威胁最大的是低空风切变,即发生在 600 m 高度以下的平均风矢量在空间两点之间的差值。风切变与飞机的起落飞行密切相关。

风切变会使飞机受突然的上升气流和下降气流影响,还会造成飞机水平运动的突然改变。风切变包括以下 3 种类型:

① 水平风的垂直切变,指水平风在垂直方向上,一定距离内两点之间的水平风速和风向的改变。

② 水平风的水平切变,指在水平风水平方向上两点之间的水平风向和风速的改变。

③ 垂直风切变,指上升或下降气流(垂直风)在水平方向上两点之间的改变。

7.4.2　低空风切变的表现形式

风切变的形式很多,有时以单一形式出现,但往往多种形式同时出现,而以其中一种为主,一般形式有以下 4 种:

1. 顺风切变

顺风切变是指飞机从小的顺风区域进入大的顺风区域,或从逆风区域进入无风或顺风区域,及从大的逆风区域进入小的逆风区域等几种情况,它会使飞机空速迅速减小,升力下降,飞机不能保持高度而下降,导致飞机无法正常起飞或飞机提前降落,是一种比较危险的风切变形式。

2. 逆风切变

逆风切变是指飞机从小的逆风区域进入大的逆风区域或从顺风区域进入无风区域或逆风区域,以及从大的顺风区域进入小的顺风区域,该切变与顺风切变对飞机产生的效果相反,它使飞机指示空速增加,升力增大,随即飞机上升,脱离正常的下降线,它比顺风切变的危害要小。

3. 侧风切变

侧风切变指的是飞机从一种侧风状态或无侧风状态进入另一种明显不同的侧风状态,分为左侧风切变和右侧风切变,它使飞机发生偏航、侧滑、滚转等现象。

4. 垂直风切变

垂直风切变指飞机从无明显升降气流区进入强烈升降气流区的情形,特别是强烈的下击暴流,具有猝发性,使飞机突然下降,从而降低高度,对飞行危害最大,如

图 7.6 所示。

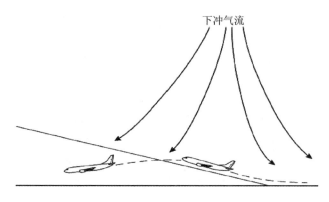

图 7.6 垂直风切变

7.4.3 风切变对飞机起飞着陆的影响

低空风切变对起飞、着陆的主要影响有改变飞机航迹、影响飞机的稳定性和操纵性、影响某些仪表的准确性。这些影响都会对飞机的操纵带来困难,严重影响飞行安全。下面重点讨论各种类型低空风切变对着陆的影响。

1. 顺风切变对着陆的影响

飞机着陆过程中进入顺风切变区时,指示空速会迅速降低,升力就会明显减小,从而使飞机不能保持下降线而降低高度。此时的修正动作是加油门带杆使飞机增速,减小下降率,回到下降线上后再稳杆收油门,重新建立下降姿态。但如果顺风切变的高度很低,飞行员来不及及时修正,将会造成大的偏差。

2. 逆风切变对着陆的影响

飞机着陆下降进入逆风切变区时,指示空速迅速增大,升力明显增加,飞机上升,脱离正常下降线。飞行员的修正动作是收油门松杆,使飞机减速,增加下降率,回到下降线上后再加油门带杆使飞机重新建立下降姿态。

3. 侧风切变对着陆的影响

侧风切变会使着陆过程中的飞机产生侧滑,带坡度,使飞机偏离预定下降着陆方向,造成横侧偏差。如果侧风切变高度较低,飞行员来不及修正,飞机会带着坡度和偏流接地,影响着陆滑跑方向,这种侧风切变的影响较小。

4. 垂直风切变对着陆的影响

当飞机在着陆过程中遇到升降气流时,飞机的升力会发生变化,从而使下降率发生变化。垂直风对飞机着陆危害巨大,飞机在雷暴云下进近着陆时常遇到严重的下降气流,对于这种情况,飞行员能做的就是复飞。

7.4.4 低空风切变的处置方法

低空风切变是国际航空界公认的飞机起飞和着陆阶段的一个重要危险因素,目前对付风切变的最好办法就是尽早发现并及时避开,使飞机避免遭遇风切变。飞机在起飞、着陆阶段遭遇风切变后,留给飞行员采取措施、控制飞机轨迹改变到安全状态的时间非常短,为了迅速而准确地做出反应,飞行员应采取如下措施:

① 要有思想准备。起飞前,机组应认真了解和研究天气预报和天气实况报告,时刻警惕飞行中会遇到的风切变,及风切变可能出现的位置、高度、强度;飞行过程中要注意收听地面的天气报告和其他飞机有关低空风切变的报告,了解其性质和强度,对于严重的风切变应当避开。

② 不要有意识地穿过严重风切变或强下降气流区,特别是飞行高度低于 200 m 真高或一台发动机失效时。

③ 起飞、着陆时与雷暴云和大的降水区保持适当距离。在距机场 15 n mile 范围内且有雷暴时,应警惕风切变的出现;当雷雨在着陆航道 5 km 和复飞航道 3 km 时,应考虑中止进近着陆。

④ 如果在最后着陆时刻遇到风切变,只要是难以改出的情况,就应立即复飞。

7.5　尾　　流

尾流是机翼在产生升力时的一种产物,它是影响飞机飞行安全的一个重要因素。尾流是湍流的一种形式,当飞机飞入前面飞机的尾流区域时,飞机会出现下降、抖动、发动机停车及飞行状态改变甚至飞机翻转等现象。当小型飞机跟随大型飞机起飞或着陆时,倘若进入前机尾流中,如果处置不当就会发生飞行事故。

尾　流

7.5.1　尾流形成的原理

飞行中当飞机机翼产生正升力时,飞机下翼面的压强就会高于飞机上翼面的压强,由于飞机上下翼面的压强不同,就会在飞机的上下翼面之间产生压强差,在这个压强差的作用下,飞机机翼下表面的气流就会绕过飞机机翼的翼尖而流向飞机机翼上表面。这样就会使机翼下表面的流线由飞机机翼的对称面向机翼翼尖偏斜,从而使飞机上翼面的流线由机翼翼尖偏向对称面。由于机翼上下翼面的气流在飞机后缘处的流向各不相同,故会在飞机机翼的后缘形成涡流。飞机机翼后缘每一点延伸出的尾涡流会形成一个涡面。尾涡面在飞机机翼的后面会形成两个很大的旋涡,称为翼尖涡,翼尖涡会沿飞机飞行路线向后延伸,所以也称为尾涡,如图 7.7 所示。

7.5.2　尾流的诱导速度和向下移动

在飞机尾流内部,空气绕中心线旋转,离涡流的涡心越远,速度就会越大。在飞机尾流外部,空气会无旋流动,离飞机涡心越远,诱导速度就会越小。

飞机后面的两条比较集中的飞机尾流会各自形成诱导速度,因此,飞机后部向

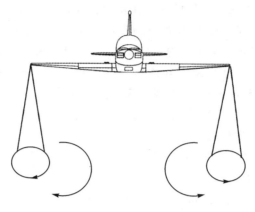

图 7.7　尾流的形成

下的气流速度是两个尾流的诱导速度的叠加。根据对 C - 5A 飞机的测定,在飞机后面 2.4 km 处或飞机通过 30 s 以后,向下的速度最大可达 18.3 m/s(3 600 ft/min)。这个飞机尾流向下运动的速度与飞机质量成正比,而与飞机的翼展、大气密度和飞行速度成反比。可见,起飞或降落时,要特别注意大型高速飞机诱导速度的影响,应在前机起飞或降落三分钟后再执行相关起降程序。

　　飞机尾流在离开飞机后就要向下移动,这是由于两条飞机尾流之间互相受对方的诱导力作用引起的。美国用波音 747 和波音 707 等运输机所做的飞行试验表明,大型机尾流大约以 2.0～2.5 m/s 的速度向下移动(小型飞机则按比例变小),但当飞机尾流下降到飞机运行轨迹以下 210～270 m 的地方时,飞机尾流就会趋于水平,不再继续下降了,如图 7.8 所示。

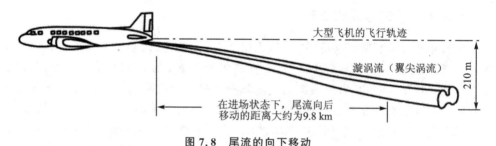

大型飞机的飞行轨迹

漩涡流（翼尖涡流）

210 m

在进场状态下,尾流向后
移动的距离大约为9.8 km

图 7.8　尾流的向下移动

7.5.3　地面效应和侧风对尾涡的影响

　　尾流的地面效应和侧风也是影响飞行安全的重要因素。在无风条件下,左右两股尾流在接近地面时,受地面阻挡,大约在离地面半个飞机翼展至一个飞机翼展的高度时,尾流就不再下降了,而逐渐变化成为横向移动,并以和尾流下移速度相同的速度分别向外侧横移,相互远离。也就是说在稳定的大气条件下,两股飞机尾流中心的间距几乎是保持不变的,飞机尾流基本上不发生侧移,如图 7.9 所示。

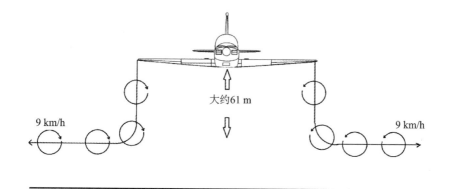

图 7.9 无风近地面尾涡的移动

在有侧风的条件下,飞机尾流就会随风移动。当飞机尾流在接近地面时,一股尾流会在侧风的影响下减小向外移动的速度,而另一股飞机尾流会随侧风而加快向外移动的速度。在一定风速下,一股飞机尾流可能会停留在地面上方不动,与地面之间的相互作用也将会导致其快速衰竭,如图 7.10 所示。

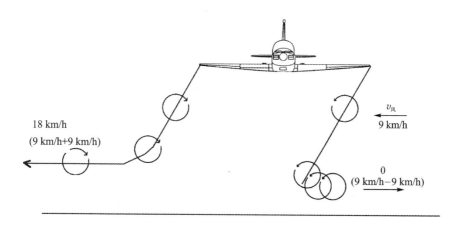

图 7.10 有侧风时近地面尾涡的移动

7.5.4 尾流的衰退和消散

通过研究人员长期的研究,飞机尾流的消散类型基本上可以分为湍流消散、迸裂消散和连接消散三种类型。飞机尾涡外缘的切线速度会很大,会带动空气中静止的且具有黏性的大气做旋转运动,因此能量就会不断扩散。此外,大幅度的温度变化和大气波动也会导致尾流很快消散。

美国曾经在地面拍摄波音 747 飞机在 1.5 km(4 900 ft)高度的尾流消散情形。从拍摄的照片可以得知,当飞机飞越头顶后 10 s 时,两条飞机尾涡看得很清晰;在

90～100 s后,两条飞机尾涡就会开始消散;在 130 s 之后,两条飞机尾涡机会完全消失。如果在放下襟翼或大气比较紊乱时,飞机尾流会更快消散。在离地 1.5 km (4 900 ft)以下,飞机尾涡寿命则完全取决于风速,风速越大,飞机尾涡的消散速度也越快。

7.5.5　前机尾流对后机的影响

1. 横穿前机尾涡

横穿前面飞机的尾涡中心时,飞机运动会忽上忽下,出现颠簸,机身会承受很大的正、负载荷,如图 7.11 中 A 机所示。当开始进入飞机尾涡时,飞机会受飞机尾涡向上速度的影响,从而会被吹起,飞行轨迹则出现向上弯曲。为此,如果飞行员顶杆使飞机发生下俯,此时飞机就有可能正好进入飞机尾涡速度向下移动的区域,飞行轨迹则会变得更加向下弯曲,从而使飞机所能承受的负载荷增大。如果此时飞行员带杆修正,有可能飞机又正进入涡流速度向上移动的地区,从而使飞机承受的正载荷增大,有可能超过最大使用载荷因数,使结构发生损坏。

飞机横穿前面飞机的尾涡时,如果说不是正好穿过了飞机尾涡的中心线,而是在中心线的上方或下方横穿而过,那么飞机所承受的载荷因数要比经尾涡中心线穿过小得多,这就是当飞机横穿飞机尾涡时很少出现结构损坏而发生飞行安全事故的原因。

实际上,当飞机横穿前方飞机尾涡时,前方飞机尾涡的作用像冲击载荷一样,使飞机出现颠簸,但由于它逗留的时间只有十分之一秒到几秒,在此时间间隔内飞机的运动参数还来不及发生变化,所以对飞机的飞行安全构不成很大的威胁。

2. 从正后方进入前机尾涡

当飞机从前面飞机的正后方进入其尾涡时,受到飞机尾涡向下移动的影响,会出现上升率降低、下降率增大、飞机颠簸等现象。如果在进场时进入尾涡,若飞行员不注意,在接近地面上空时,飞机会突然降低高度,而此时给飞行员脱离尾涡的时间又很短,就有可能导致事故,如图 7.11 中 B 机所示。

3. 从正后方进入前机的尾涡中心

从前面飞机的正后方进入其尾涡中心,飞机一边的机翼会遭遇上升气流,另一边的机翼会遭遇下降气流,两机翼的迎角会相差很大,因此飞机会承受很大的滚动力矩而使其坡度变大或突然滚转,如图 7.11 中 C 机所示。

例如利尔喷气机和塞斯纳 210 飞机,在 C-5A 飞机后 9～11 km(5～6 n mile),受尾涡的影响,坡度会突然超过 90°,滚转速度也超过 90 °/s。进入 C-5A 飞机尾涡中心时,飞机显然是很危险的;若在起飞/着陆时规定坡度不大于 30°,则后机与前机的距离不得小于 15 km(8 n mile)才能保证飞行安全。飞机后机翼展长短对进入前机尾涡中心承受的滚转反应强弱具有重要影响。后机翼展越长,进入前机尾涡中心的滚转反应越弱。

7.5.6　预防进入前机尾流的措施

现将目前一些国家预防进入前机尾流的措施归纳如下：

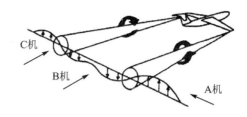

图 7.11　进入前机尾流的 3 种情形

① 在机场附近采用仪表飞行时，距离应保持 5 n mile 以上，大型飞机（质量超过 136 t 的飞机）距离也应保持 3 n mile 以上，高度差最少要保持 305 m（1 000 ft）。

② 在同一机场附近采用目视飞行时，应最少保持 2 min 的时间间隔（相当于 5 n mile）。

③ 在同一空域飞行时，应保持 5 n mile 的距离和 305 m（1 000 ft）的高度差。

④ 中小型飞机应在大型飞机起飞离地点之后 915 m（3 000 ft）处开始离地，在大型飞机着陆接地点之前 763 m（2 500 ft）处着陆接地。

⑤ 中小型飞机与大型飞机的飞行轨迹的上下距离不得少于 305 m（1 000 ft），并保持在大型飞机飞行轨迹的上风。

思 考 题

7-1　解释下列术语：

①失速速度（v_s）；②失速；③螺旋；④低空风切变。

7-2　飞机的失速是如何产生的？根本原因是什么？飞机进入失速后如何改出？

7-3　影响失速的主要因素有哪些？

7-4　飞机螺旋的原因是什么？飞机进入螺旋后如何改出？

7-5　飞机的颠簸是怎样产生的？说明在扰动气流中飞行的主要特点。

7-6　飞机积冰对气动性能、飞行性能有何影响？积冰飞行的操纵特点是什么？

7-7　低空风切变对飞机起飞、着陆有何影响？如何避免低空风切变的危害？

7-8　前机尾涡对后机有何影响？预防进入前机尾流的措施有哪些？

参考文献

[1] 赵廷渝,朱代武,杨俊. 飞行员航空理论教程[M]. 成都:西南交通大学出版社,2011.

[2] 王秉良,鲁嘉华,匡江红,等. 飞机空气动力学[M]. 北京:清华大学出版社,2013.

[3] 王宝国,刘淑艳,刘艳明,等. 空气动力学基础[M]. 北京:国防工业出版社,2009.

[4] 王大海,杨俊,余江. 飞行原理[M]. 成都:西南交通大学出版社,2004.

[5] 刘星,司海青,蔡中长. 飞行原理[M]. 北京:科学出版社,2010.

[6] 李幼兰. 空气动力学和维护技术基础[M]. 北京:兵器工业出版社,2006.

[7] The U. S. Department of Transportation. Pilot's Handbook of Aeronautical Knowledge[M]. Oklahoma City:Federal Aviation Administration,2003.